猛

STRONG

**为被忽视的疾病
创造药物研发动力**

药

MEDICINE

Creating Incentives *for*
Pharmaceutical Research
on Neglected Diseases

[美] 迈克尔·克雷默　[美] 雷切尔·格兰内斯————著

叶心可————译

Michael Kremer
Rachel Glennerster

中国出版集团
东方出版中心

图书在版编目（CIP）数据

猛药: 为被忽视的疾病创造药物研发动力 /（美）
迈克尔·克雷默，（美）雷切尔·格兰内斯著；叶心可译
. 一上海: 东方出版中心, 2021.1
　ISBN 978-7-5473-1729-7

Ⅰ.①猛… Ⅱ.①迈… ②雷… ③叶… Ⅲ.①药物-
研制 Ⅳ.①TQ46

中国版本图书馆CIP数据核字（2020）第221730号

上海市版权局著作权合同登记号: 图字09-2020-692号

STRONG MEDICINE: Creating Incentives for Pharmaceutical Research on Neglected Diseases by Michael Kremer and Rachel Glennerster
Copyright © 2004 by Princeton University Press
中文版权 © 2020 东方出版中心
All rights reserved.

猛药：为被忽视的疾病创造药物研发动力

著　　者　〔美〕迈克尔·克雷默　〔美〕雷切尔·格兰内斯
译　　者　叶心可
策　　划　郑纳新　江彦懿
责任编辑　江彦懿
封面设计　人马艺术设计·储平
内文设计　陈绿竞

出版发行　东方出版中心
地　　址　上海市仙霞路345号
邮政编码　200336
电　　话　021-62417400
印 刷 者　上海盛通时代印刷有限公司

开　　本　890mm×1240mm　1/32
印　　张　7.625
字　　数　86千字
版　　次　2021年1月第1版
印　　次　2021年1月第1次印刷
定　　价　50.00元

前　言

　　在这本书里，迈克尔·克雷默和雷切尔·格兰内斯特提出了一个想法，这个想法不断得到政界的支持，或将拯救发展中国家数百万人的生命。这个简单但强大的想法就是，如果政府或私人基金会事先承诺购买疟疾等疾病的疫苗，此举将刺激研发力量进入这些领域之中。进一步而言，一旦这些疫苗被成功研发了出来，需求者们就能以极低的代价甚至零成本轻易获得它们。这个方法将经济学的优势发挥到了极致——运用市场驱动力来解决世界贫困人口的需求问题。

　　时间回到1998年，作为布鲁金斯学会高级研究员的迈克尔·克雷默在学会的支持下发表了一篇学术论文，文章阐释了政府可以如何通过购买专利来奖励创新，同时确保该技术一旦发展成熟将能免费面向全民开放。如果不是迈克尔还参与了对肯尼亚农村地区的调研，这本来只不过是学术期刊上的一篇有趣的论文而已。然而在调研中，迈克尔亲眼看到了当地在应对疟疾、艾滋病等疾病上所耗费的大量人力成本。为什么对这些致命疾病的研究如此之少？难道没有一个与专利收购类似的，既可以刺激疫苗的研发，最终又能让有需求的人低价购买到这些疫苗的机制吗？

迈克尔开始从理论和实践两个方面探索一种疫苗承诺机制，并不断充实和阐述这个想法。他的努力在某种程度上让疫苗承诺机制获得了越来越多的政治支持。这种疫苗承诺机制的一个版本得到了时任美国财政部长的劳伦斯·萨默斯的支持，并被写进了克林顿的《税法》最终版里（尽管该法案从未通过）。比尔·弗里斯特、南希·佩洛西及约翰·克里等较有影响力的国会领袖也都支持过许多提供某种形式的疫苗承诺的法案。2003 年，在比尔及梅琳达·盖茨基金会的要求下，全球发展中心的全球健康政策研究网络组建起了一支优秀的独立工作团队，让疫苗承诺这个概念变得更加成型和具体。这个工作组召集了一批疫苗研发、合同法、药物经济学及其他领域的专家，致力于打造一个考虑到实际执行层面并对现实因素反应灵敏的提案。在这一年里，这个由迈克尔、全球发展中心高级研究员罗斯·莱文和疫苗基金首席财务官爱丽丝·奥布莱特共同领导的团队审查了多项议题，例如哪些疾病和产品应该作为疫苗承诺的首要对象，激励的程度多少为宜，以及如何让一个疫苗承诺具有可信度和法律约束力等。本书得益于这些成果和洞见，并反映出了作者们的观点。工作组的报告、法律合同草案以及用于评估适宜的承诺规模的分析工具等都让本书的阐述显得更加完整。

迈克尔·克雷默和雷切尔·格兰内斯特运用他们的政治经验和经济学知识，以最浅显易懂的方式呈现出丰富的信息，从发达国家和发展中国家所面临的健康问题有何不同、疫苗研究少之又少的原因到疫苗承诺的成本效益，议题范围非常广泛。这本书为如何运用经济学来分析和解决重大政策问题作了示范，对于那些对发展政策好奇的人以及对运用经济学获得政策解决方案感兴趣的学生来说，这是一本理想读物。任何参与发展中国家卫生政策规划的人和推动整体研发的人，都能通过本书了解到如何让疫苗承诺发挥出宝贵价值。

南希·伯索尔　全球发展中心主席

斯特罗布·塔尔博特　布鲁金斯学会主席

鸣　谢

这本书吸纳了许多人的评论和观点，尤其借鉴了全球健康政策研究网络的拉动机制工作组对相关问题的探讨和考量。这是全球发展中心旗下的一个项目，得到了比尔及梅琳达·盖茨基金会的支持。我们对全球发展中心、比尔及梅琳达·盖茨基金会的赞助，工作组成员及相关人员给出的评论和建议深表感谢。我们还要特别感谢罗斯·莱文，她为我们提出了许多有用的建议，并对本书的初稿做出了广泛评价。我们还要对世界卫生组织宏观经济与卫生委员会、布鲁金斯学会、麦克阿瑟基金会不平等代价研究网络表示感谢，在它们的支持下，我们早期对疫苗研发的财政刺激的分析才得以发展成如今本书中的内容。来自这些组织的同僚们给了我们许多非常有用的评价。

世界卫生组织曾探讨过用疫苗承诺来鼓励研发的想法，

而且在1997年丹佛的G8峰会上，国际艾滋病疫苗行动组织曾联合一众组织来支持这个想法。世界银行艾滋病疫苗特别工作组进一步拓展了这一理念。1999年，萨克斯和克雷默曾在大众媒体上提倡设立此类拉动项目。

本书还引用了许多更早期的疫苗著述，其中包括来自巴特森（1998）、杜普伊和弗雷德尔（1990）、美世咨询（1998）、米尔斯蒂恩和巴特森（1994）等的文章。此外，书中还广泛引用了关于研究激励的学术著作，包括格尔和费施鲍姆（1995）、约翰森和泽克豪泽（1991）、兰乔和科伯恩（2001）、里西特曼（1997）、拉塞尔（1998）、斯科奇姆（1990）、沙维尔和范·伊普塞尔（1998）和怀特（1983）等人的作品。书中探讨热带农业地区研发激励的章节着重引用了克雷默和兹瓦恩（2003）的著述。第12章中关于法律问题的探讨是以莫兰茨和斯隆（2001）的文章为基础完成的。

"疫苗购买承诺是切实可行的"这一信念的诞生源自我们与杰弗里·萨克斯的一场对话。杰弗里的鼓励、支持和智力投入是推动这个项目顺利起步的关键性因素。我们要感谢达龙·阿西莫格鲁、菲利普·阿吉翁、玛莎·安斯沃思、苏珊·艾希、阿米尔·阿塔兰、阿比吉特·班纳吉、阿米·巴特森、彼得·伯曼、厄尼·伯恩特、南希·博德塞奥、大卫·卡特勒、萨拉·埃里森、萨拉·英格兰、约翰·盖洛普、嘉吉·戈什、卡罗尔·格雷厄姆、钱德雷什·哈吉万、约翰·赫维茨、迪恩·贾米森、尤金·坎德尔、汉娜·凯特勒、珍妮·兰乔、塞德希尔·穆来纳森、阿里尔·帕克斯、奥克·潘嫩博格、莱顿·里德、悉尼·罗森、安德鲁·西加尔、拉吉·沙赫、斯科特·斯特恩、拉里·萨默斯、温迪·泰勒、让·梯若尔、阿德里安·托斯、大卫·韦伯以及格尔克·魏茨泽克等人对这些议题的评价和探讨。拉杜·班、马科斯·查门、安德鲁·弗朗西斯、法比亚·贡巴乌、阿玛尔·哈莫迪、简·金、吉恩·李、本·奥尔肯、安加利·欧泽、凯西·保尔、玛格丽特·罗纳德、考特尼·翁贝格、海蒂·威廉姆斯以及阿利克斯·彼得森·兹瓦恩为我们的研究提供了极大的帮助。我们还要感谢凯瑟琳·林奇和彼得·帕赛尔帮忙编辑此书，感谢我们普林斯顿大学出版社的编辑彼得·多尔蒂和蒂姆·沙利文。

目　录

第 1 章

介　绍

STRONG
MEDICINE

大学毕业后，我曾到肯尼亚西部农村地区的一所高中教了一年书。[1]工作了半年后，我有一次去内罗毕为学校购买教材，顺便办点别的事。住久了泥墙茅草屋的我刚到内罗毕就被摩天大楼所包围，感觉自己有点像个土包子。肯尼亚西部的人曾告诉我，内罗毕海拔约1 500米，非常寒冷。作为一个习惯了美国堪萨斯州冬天的人，我自以为这座位于赤道附近的城市所谓的"冷"并不能把我怎么样，但事实上我还是被冻得直打哆嗦。

　　在内罗毕四下转悠的时候，我感觉非常不在状态。我停下脚步走进一间餐厅，点了食物，却根本吃不下去。我有气无力地去了另一家餐厅，点餐，却还是吃不下。第二天我感觉振作了一些，还纳闷为什么自己这么没精打采，但结果没过多久又变得死气沉沉的。这样的状态持续了很多天。

1　本篇介绍中提及的个人经历均来自迈克尔·克雷默。

在这期间，有一次我需要打个电话，而最近的付费电话恰好在一家医院里（事实上这是内罗毕最好的私人医院之一）。在打电话的过程中，我发现自己已经连走的力气都没有了，必须去看医生才行。

结果显示，一只按蚊穿过蚊帐把我给咬了，并把传染疟疾的寄生虫，也就是子孢子注入了我的血液中。这些寄生虫钻进了我的肝脏，通过变异和繁殖引发了血液期疟疾。

随着寄生虫在我体内不断繁殖、破坏我的红细胞，我开始恶心无力、发热、出汗和打寒战。我时而振作，时而萎靡，这正是感染疟疾的典型特征。如果我当时还远在农村、没有及时就医的话，可能会因为严重贫血导致大脑及其他器官供血不足而死。

我在内罗毕住院接受治疗，但我对当时的记忆十分模糊。我记得我常常从奇怪的噩梦中惊醒。事实证明，治疗疟疾的一线用药对我所患的那类疟疾疗效并不好，不过医生给我换了替代药物，并让我一直服用直到痊愈。再回到农村时，我比之前瘦了快14斤。

当然，我极其幸运地接受了一流的治疗和护理。许多非洲人要么生活的地方离诊所非常远，要么看不起好医生，还有的买不起有效的治疗药物。

多年后，当我重访我曾生活过的那个肯尼亚村庄时，我目睹了这类情况的发生。我的一个当地朋友得了疟疾。与我不同的是，他能辨别自己的病症，但从他住的地方到医院要走好几个小时，而且据他所知那里经常需要几个病人挤一张床，所以他怎么都不愿意去医院。在肯尼亚，治疗疟疾的一线用药已经无需处方就可以直接购买了，而且只要不到一美元。但当我来到村里时，我的那位朋友还没吃上药，因为他买不起药。虽然这个病不太可能要他的命，但他已经虚弱到无法工作了，连基本生活开销都难以维持，这又让他的身体雪上加霜。

困扰低收入国家的疾病不是只有疟疾。每年因为疟疾、结核病和常见于非洲的多类艾滋病病毒而死亡的人数加起来有五百万人。像血吸虫病这类很多高收入国家居民闻所未闻的疾病，也给贫穷国家带来了沉重的负担。要想战胜这些疾病，疫苗是最大的希望，因为注射疫苗操作起来相对容易，即使对于医疗保健基础设施薄弱的国家也是如此。然而对于这些在低收入国家大量流行的疾病，相关疫苗的研究一直少之又少。

在本书中，我们调查了缺乏疫苗研究的原因，并建议外国资助者通过提前承诺出资购买适宜疫苗来鼓励相关研究的推进。

我们认为，制药公司之所以不愿意对这些广泛流行于贫穷国家的疾病进行疫苗研发方面的投资，一个重要原因在于这些公司担心疫苗的销售价格无法覆盖其风险调整后的成本。这种对价格的低期望值不仅仅反映出相关国家的人口贫困程度，同时也反映出针对这些疾病的疫苗市场价格的严重扭曲。低收入国家对药物的知识产权保护历来非常薄弱。这些国家销售的疫苗大部分单价不到一美元，只占其社会价值的很小一部分——即便拿贫困人口所付得起的保护费用来衡量也是如此。一旦制药企业投入必要的研发资金来开发疫苗，政府往往会利用其作为监管者、主要买家和知识产权裁决者的权力来压低疫苗价格。

疫苗研发是一项"全球公益"工程，因为科技发展带来的成果会溢出到许多国家。这也是为什么很多小国家明明受益于疟疾、结核病或艾滋病疫苗，但却不愿意通过单方面提高价格的方式来鼓励疫苗研发。相对应的，民间研发者也缺乏动力去对大量困扰低收入国家的疾病进行具有社会价值的研究。

鼓励新产品研发的激励机制大体上可以被分为推动机制和拉动机制两类，前者对研究投入者进行补贴，后者对创造出实际需求产品的开发者进行奖励。政府主导的推动机制非常适用于基础研究，但对于研究后期的应用阶段而言，拉动机制同样很有必要。在拉动机制中，只有一种产品成功开发出来了才能拿到奖金。这种奖励成果的方式大大地鼓励了研发者去自由选择最有机会成功的项目。拉动机制还让研究者们愿意把精力集中到疫苗开发上，而不是追求发表期刊文章之类的附属目标。不仅如此，设计得当的拉动方案还有助于确保开发出来的新疫苗能提供给需要它们的人。包括《孤儿药法案》在内的许多历史先例都表明，类似的拉动机制是鼓励产品研发的一种高效工具。

一般来说，拉动机制中最具吸引力的一种形式是承诺全面或部分出资为贫困国家购买疫苗。其他的替代方案都有着明显的缺陷。例如，通过延长其他药物的专利期来奖励新产品的研发者，会将资助新产品的全部负担加之于购买其他药物的人身上。购买和分发尚未被充分利用的现有疫苗是一种较为节省成本的救人方式，但仅仅提高现有疫苗的价格而不直接鼓励开发新疫苗的话，将很难推动新疫苗的研发工作，且成本极高。

要想通过疫苗承诺机制来增加相关研究活动，就必须让研发者相信当其开发出预期产品且研究成本下降后，出资者不会出尔反尔。如果安排得当，这些承诺可以成为具有法律效力的合同，这有许多法律先例为证。为了进一步加强疫苗承诺的信用度，还可以提前声明好参与资格及疫苗定价等相关规则，并为这些规则的裁决者排除政治压力的干扰。

申请产品应达到基本的技术要求（包括得到如美国食品药品监督管理局之类的权威国家监管机构的许可），这一条件可以确保资金只花在有效的疫苗上。低收入国家应在达标疫苗投入使用前达成一致，在可能的情况下这些国家或其他出资者应承担部分生产及分发费用，这一条件有助于确保该项目购买的产品能在实际操作中发挥作用。

做出疫苗承诺的方法之一是进行价格担保，比如说保证进行接种的前2亿到2.5亿人按照每人15到20美元的价格支付疫苗费用，作为交换，开发者须承诺此后在贫困国家将疫苗的价格放低到略微高于生产成本的水平。这种规模的承诺给企业提供一个堪比其在商业市场所能获得的销售机会。这种方式可以说是一本万利，将比人们能想到的所有类似规模的医疗卫生投入救的人都多。

疫苗承诺可以由国际组织（例如世界银行）来组织，也可以由国家政府、私人基金会（例如比尔及梅琳达·盖茨基金会）或者几方合作来做出。如果一个承诺购买疫苗的项目最终未能产出一款有效疫苗，那么出资者将无需花钱；如果项目成功了，将能以极低的成本挽救数以千万计的生命。

本书阐述了疫苗承诺的基本原理，并讨论了如何设计疫苗承诺方案。第2章回顾了低收入国家的疾病环境，第3章则探讨了低收入国家的主要疾病的研究水平较低这一现状的原因。（熟悉发展中国家卫生问题的读者不妨跳过这些章节。）在第4章中，我们讨论了市场扭曲问题，这种扭曲限制了整体研究的发展，特别是限制了那些主要影响穷国的疾病的疫苗研究。第5章和第6章概述了推动和拉动机制在解决研发中的市场失灵问题时发挥的潜在作用。第7章研究了各种类型的拉动方案，结论是承诺出资购买疫苗会是其中最受欢迎的方式。第8、9、10章探讨了如何打造拉动方案：怎样确定候选疫苗是否具备参与该项目的资格，疫苗怎样定价，以及应如何安排付款事项（例如多个供应商之间的奖励分配问题），等等。第11章介绍了如何使用类似方法来引导其他产品的研发，例如其他医学技术和可以提高热带地区农业生产率的技术等。最后，第12章讨论了疫苗承诺背后的政治经济学，以及如何设计疫苗承诺以使其满足潜在出资者的需求。

第 2 章

低收入国家健康状况

首先，我们要指出低收入国家卫生环境的两个可悲的特性：传染病泛滥以及医疗卫生体系薄弱。接着，我们会探讨发展中国家的一些主要传染病。最后，我们注意到，尽管阻碍重重，但低收入国家的健康状况得到了极大的提升，这主要是由于采用了疫苗等便宜好用的技术。

低收入国家的疾病环境

由于地理、气候、资源限制，往往还包括政府不力等因素，贫困国家面临着不同于富裕国家的疾病环境。多得不成比例的低收入国家分布在热带地区，而有着丰富生物多样性的热带环境，不仅滋生出数量更多且更加致命的传染病，同时也更适合许多疾病的传播媒介生存，如传播疟疾的非洲蚊子等。贫穷会带来营养不良、卫生条件差、教育资源不足等问题，而这些问题又加剧了传染病的传播。穷人往往没钱去看正规医生或购买治疗传染病的药，而这些病在发达国家是可以轻易被治愈的。当地政府往往缺钱且效能低下，无法提供干净水源、卫生设备或推动控蚊、抗结核运动之类的公共健康项目。

这就导致了在低收入国家所承受的疾病负担中，有三分之一来自传染病及寄生虫病——实际上对整个非洲来说，这一比例超过了一半。[1] 相比之下，在高收入国家，传染病及寄生虫病只占到疾病负担的2.5%（世界卫生组织，2003）。由图1可见，高收入国家的疾病负担中非传染性病症居多，例如癌症和心血管疾病等，其对老年人的影响尤其大。很多其他疾病集中出现在低收入国家（见表1）。[2] 中等收入国家（包括中国及拉丁美洲、东南亚的大部分地区）则有着介于上述两极之间的疾病模式。

1　计算疾病负担可以衡量出当前卫生状况与所有人都没有疾病、伤残和过早死亡情况的理想状态之间的差距。使用伤残调整寿命年（Disability Adjusted Life Years，DALYs）的概念，可以比较各国之间不同疾病带来的疾病负担。伤残调整寿命年将因早死导致的寿命损失年和因伤残引起的健康寿命损失年相加，以此量化总体疾病负担。一个伤残调整寿命年相当于损失一年的健康寿命。
2　高收入与低收入国家的划分参照2003年世界银行发布的《世界发展指数》，这是根据世界银行对2001年人均国民总收入（GNI）的估值来界定的。低收入意味着人均国民总收入低于735美元，这一范围涵盖了南亚及非洲撒哈拉以南的绝大部分地区；高收入意味着人均国民总收入不低于9 076美元。

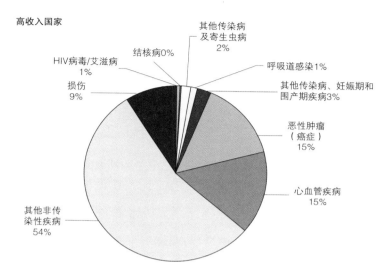

高收入国家

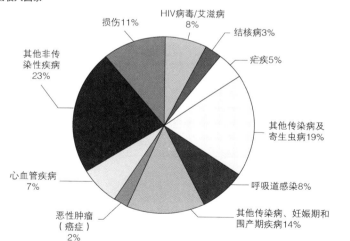

低收入国家

图1 2002年高收入及低收入国家的疾病负担（以伤残调整寿命年为单位）

表1　1990年全球疾病负担99%以上集中在中低收入国家的疾病

疾　病	年死亡人数	DALY（千）
腹泻性疾病*	2 124 032	62 227
疟疾	1 079 877	40 213
麻疹	776 626	27 549
百日咳	296 099	12 768
破伤风	308 662	9 766
梅毒	196 533	5 574
淋巴丝虫病	404	5 549
钩虫病及板口线虫病	5 650	1 829
利什曼病	40 913	1 810
血吸虫病	11 473	1 713
鞭虫病	2 123	1 640
锥虫病（非洲昏睡病）	49 668	1 585
颗粒性结膜炎	14	1 181
盘尾丝虫病（非洲河盲症）	——	951
查格斯病	21 299	680
登革热	12 037	433
日本脑炎	3 502	426
小儿麻痹症	675	184
麻风病	2 268	141
白喉	3 394	114

注：*腹泻性疾病与该列表中的其他疾病不同，它实际上包含由不同病原体引起的多种疾病。

来源：世界卫生组织全球疾病负担（1996a），引自兰乔和科伯恩（2001），表1。

医疗卫生基础建设薄弱

低收入国家中传染病之所以广泛传播，一个关键原因在于其医疗卫生系统十分薄弱。相关预算极少，医疗卫生系统的公职人员也缺乏积极工作的动力。私人医疗保健服务领域充斥着大量庸医。这些因素导致各种便捷的医疗保障服务基本上都难以大范围开展起来。

非洲撒哈拉以南地区的低收入国家只花费其人均GDP300美元的6%在医疗健康上，也就是每人18美元左右（世界银行，2001）。相比之下，美国的公共和个人健康支出在1998年时就占到了其人均收入近3.2万美元的13%，人均总支出超过4 000美元。

许多低收入国家缺乏具备资质的医务人员。在美国，平均每1 000人拥有2.7名训练有素的医生，在欧洲这一数字为3.9名，而在非洲撒哈拉以南地区只有0.1名（世界银行，2001）。

同样，大部分可用的医疗资源往往集中在首都的一些优质医疗机构之中。这意味着精英人士可以得到高品质的护理，但这同时也说明大部分人口，特别是农村地区人口的可用资源甚至比前文引述的全国平均水平还要少得多。

政府的卫生保健系统往往无所作为。分配给公立诊所的医务人员时常缺岗，农村地区尤其如此。乔杜里等人2003年的一项研究对五个低收入国家的公立基层医疗诊所进行了突击探访，发现25%至40%的卫生工作者不在自己的岗位上（见图2）。乔杜里一行人发现医生的缺勤率特别高，平均超过40%。此外，低收入国家的诊所经常缺乏药品，因为有关部门在分配预算时要优先保障卫生工作者的薪资，且药品的采购和分配环节不是效率低下就是存在腐败。

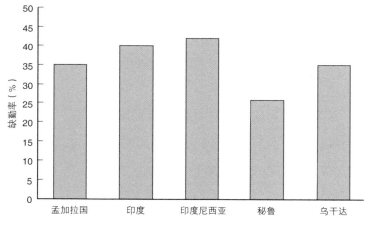

图2 公立医疗机构卫生工作者的缺勤率（%）

注：缺勤率是暗访当天应该在岗但实际不在的工作人员所占的百分比。

来源：乔杜里等人（2004）。

因此，许多患者只能依靠私人医疗体系，但是在缺乏基本的质量监管（发达国家将其视为理所应当）的情况下，私人医疗体系运作得也很糟糕。许多私人执业医师未经过专业培训，开出的药也不妥当。卡卡尔1988年进行的一项研究发现，印度相关行业的非正规部门从业者数量是正规部门的三倍。斐克在1998年对印度药物进行的一项详细研究中，将超过一半的药物归类为"非必要"或"禁忌"。尽管在西方自我诊断的情况并不稀奇，但这对贫困国家的百姓来说更是家常便饭，因为这些国家通常没有将处方药的相关规定执行到位（卡马特和尼尔，1998）。许多患者并没有按完整疗程来购买和服用药物，尤其是当服用一段时间药物后症状消失的时候（尼希特和尼希特，1996）。药物服用过量和误用会加快疾病耐药性的发展，因为耐药性最强的微生物会存活下来，然后被传播给其他人。

疟疾、结核病和艾滋病

低收入国家一方面有易于滋生传染病的环境，另一方面薄弱的医疗卫生体系又难以为民众提供充分的基础性治疗，两者的结合使得传染病给当地造成了惨重的伤亡。

有许多高收入国家居民知之甚少的疾病目前仍在困扰着低收入国家，包括恰加斯病、利什曼病、锥虫病（非洲昏睡病）、盘尾丝虫病（非洲河盲症）和淋巴丝虫病等。例如，主要困扰着拉丁美洲农村地区贫困人口的恰加斯病，就在20世纪90年代被世界银行列为拉丁美洲最严重的寄生虫病，其造成的社会经济影响比所有其他寄生虫感染所造成影响的总和都大（有关讨论请参阅全球发展中心2004年相关文献）。

另一个重要的例子是血吸虫病，它是一种由肠道蠕虫引起的疾病，主要困扰的是一些缺乏安全饮用水和卫生设施的低收入国家农村人口。据世界卫生组织估计，血吸虫病影响着全世界2亿人，其中85%的人集中在非洲，而且全世界10%的人口（也就是超过5亿人）面临感染的风险。在某些地区，这种疾病甚至泛滥到当地居民认为尿液带血（该疾病的感染症状之一）是儿童发育过程中的正常现象。寄生虫病会导致严重的短期疾病，如果任其发展可能会严重影响健康。

对血吸虫病的控制历来以吡喹酮等药物治疗为基础。这种治疗（每年一次）几乎没有副作用，每次的治疗费用不到一美元。但是人们必须每隔12个月进行一次药物治疗以确保体内没有寄生虫，否则很容易再次感染。药物难以送达，意味着数百万人得不到治疗。近年还有一些报告显示，患者对吡喹酮的耐药性有所增加，且可能产生抗性（例如乌琴格等人的研究，2000）。

尽管如此，杀伤力最大的三大杀手还是疟疾、结核病和艾滋病，我们将在此一一讨论。

▶　疟疾

据世界卫生组织估计，每年有超过3亿人感染临床疟疾，110万人死于该疾病（世界卫生组织，2001）[1]。死于疟疾的大多数是儿童。从严重疟疾中存活下来的儿童可能会出现学习障碍和脑部损伤等问题，但如果能撑到五岁他们就会获得一定的免疫力。具备这有限免疫力的人很少死于疟疾，但他们却会在此后的生活中由于疟疾而变得体弱无力，难以工作。怀孕期间女性会暂时失去原有免疫力，因此孕妇患病风险极高。

1　其他估值的数字更大。"消除疟疾"全球合作机制发布的世界卫生组织资料指出，每年有 3 亿到 5 亿例疟疾病例和 100 万到 200 万例后续死亡病例。布雷曼等人（2001）认为每年有 70 万至 270 万人死于疟疾，居住在疟疾流行地区的五岁以下非洲儿童每年要遭受 4 亿至 9 亿次疟疾引起的急性发热。

几乎所有的疟疾感染案例都发生在低收入国家，而且几乎90%的患者都生活在非洲撒哈拉以南地区（世界卫生组织，2000a）。非洲是全世界恶性疟原虫疟疾——四种疟原虫中最致命的一种——最为严重的地方，并且非洲还是该病最高效的传播者——蚊子的繁殖地。

▶ 结核病

结核病每年造成约200万人死亡，其中98%的人来自低收入国家（世界卫生组织，2000b）。据估计，世界三分之一的人口患有潜伏性结核感染，其中有5%至10%的人会在某个时间点出现症状（遏制结核病组织，2002）。这种疾病像普通感冒一样通过空气中的飞沫传播。活动性结核病通常是一种肺部感染，往往会引起疲劳、体重减轻、咳血咳痰、发烧和盗汗等症状。如果不及早治疗，肺结核会导致永久性肺损伤甚至死亡。

有多种药物可以用于治疗结核病，但是患者必须定期服用6至8个月才能起作用。间歇性服药容易催生出结核杆菌耐药菌株。耐药结核病患者必须用非常昂贵的药物进行长达两年的治疗，而且事实证明大多数情况都非常凶险。为了遏制耐药结核病的蔓延，世界卫生组织提出了一项名为DOTS的结核病控制策略，即"直接观察短程治疗法"。这是一种在卫生工作者或患者家属的密切督导下进行的为期6至8个月的药物治疗方案，其目的是为了避免患者出现治疗不充分或中断的情况（这类情况实在太过普遍）（克罗夫顿等，2003）。

遗憾的是，贫困国家的结核病治疗服务往往很糟糕。世界银行研究员吉什努·达斯曾对印度结核病患者进行了采访。在达斯的采访对象中有一名患有脊柱结核的病人，她直到出现剧烈头痛和背痛的6个月之后才被确诊，而此前医生给她的治疗方案是吃止痛药和拔牙。达斯采访的另一位结核病患者被确诊时怀有8个月的身孕。对于患者应该在公共机构还是政府机构中接受治疗一事，其家人发生了意见分歧，这延误了她的治疗并导致她病情恶化。因为患病而备受侮辱的她，听信了邻居们的无知言论，以为她的母乳会受到感染。她的孩子出生后不久就因营养不良而去世。

达斯发现，致力于达到治愈率标准的政府所办的诊所，常常会拒绝收治患有多重耐药性结核病的人。一些求财心切的医生把治疗多重耐药菌株的药物转入黑市之中。这些医生将普通的结核病误诊为多重耐药结核病，然后订购药物并在黑市上出售，这么做可以使其收入翻两番。

DOTS方案常常很难长期遵守和坚持下去，尤其是在患者出现呕吐、黄疸或思维混乱等副作用的情况下。很多患者在治疗了大约一个月后，结核病的症状就消失了，于是其中一部分人认为自己已经康复，结果停了药才过几周就又复发了。2001年在巴基斯坦进行的一项随机对照试验中（沃尔利等，2001），将近500名成年结核病患者被随机分配到三个组：由卫生工作者通过巴基斯坦的国家结核病项目对其进行直接观察治疗，由其家属进行直接观察治疗或者自行治疗。这三种策略都得出了相近的结果（治愈率分别为64%、55%和62%）和治疗完成率（分别为67%、62%和65%）。因此，多重耐药结核杆菌变得越来越普遍（特别是在低收入国家）也就不足为奇了。2000年，一百多个不同国家报告出现了多重耐药结核病病例（贝切拉等，2000）。到2003年，在全球报告的900万例结核病病例中约有40万例具有多重耐药性。

耐药菌株的扩散对高收入国家和低收入国家均构成了威胁。在20世纪80年代末和90年代初，纽约市出现了大规模的结核病传染疫情，许多医院的感染率增加了两倍，并且出现了多重耐药结核病。为了遏制疫情蔓延、抗击约

4 000个病例，纽约市花费了超过10亿美元，并重建了结核病治疗设施——此前人们认为结核病已在北美得到有效根除，因此拆除了该设施。

▶ 艾滋病病毒/艾滋病

在这些病中杀伤力最大的是艾滋病病毒/艾滋病。近来《华盛顿邮报》的一篇文章（瓦克斯，2003）报道了9岁的莉莉·南加拉及其兄弟的案例。莉莉的妈妈比阿特丽斯是艾滋病病毒携带者，她在自己最后的日子里教莉莉独立生活的各项技能，而教她的最后一件事就是为妈妈挖一座坟墓。

这个故事因其残酷而广为人知，但类似的案例实在太普遍了。南加拉家孩子们的生活反映的是一代艾滋病孤儿的经历。该地区三分之二的居民携带艾滋病病毒，年轻一代被摧毁了。老人、小孩在坟堆间生活，孤儿占人口的比重超过了10%。孩子们为了耕种土地和寻找食物而艰难挣扎，常常因此辍学。

全球有超过4 200万人感染了艾滋病病毒，其中95%以上生活在贫穷国家（联合国艾滋病规划署，2002a）。2002年有约310万人死于艾滋病。将近500万人为新感染病例，其中70%位于非洲撒哈拉以南地区（联合国艾滋病规划署，2002a）。艾滋病病毒/艾滋病是非洲人口主要的致死源，也是全球人类第四大过早死亡的原因。它让1 300多万名儿童沦为了孤儿，而且预计这个数字到2010年会翻一番。

图3评估出了艾滋病病毒/艾滋病对南非死亡率的影响。

艾滋病正在扰乱各个社群，而且可能对经济的长期发展产生重大影响。据估计，在马拉维和乌干达的部分地区有30%以上的教师携带艾滋病病毒（库姆，2000b）。不断

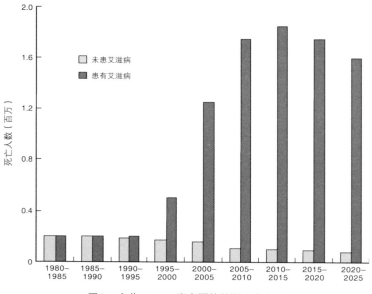

图3　南非15—34岁人群的估测死亡人数

来源：联合国艾滋病规划署，2002b。

有正值壮年的熟练劳动力由于患艾滋病而倒下，这导致公共和私营组织都必须不间断地为每个职位招聘和培训多名员工（瑟曼，2001）。

艾滋病病毒在全球范围内主要通过性接触传播，在分娩和母乳喂养期间发生的母婴传播也很普遍。据联合国儿童基金会估计，在15岁以下婴幼儿感染艾滋病病毒的案例中，超过九成都源自怀孕、分娩和母乳喂养造成的母婴传播，且2001年非洲撒哈拉以南地区估计有220万孕妇携带艾滋病病毒。在低收入国家，由于缺乏降低艾滋病病毒母婴传播风险的干预措施，感染艾滋病病毒的妇女中有25%至40%会在分娩期间或分娩后通过母乳喂养将病毒传播给其子女（德科克等，2000）。在一些国家，吸毒者之间共用针头进行静脉注射也是艾滋病病毒传播的重要来源。

当人最初感染艾滋病病毒后，病毒会在其体内迅速繁殖，直到数周或数月后免疫系统才开始拦截它，接着感染转入潜伏期，这一时期短则几周，长则数年。之后病毒大量攻击免疫系统细胞，大幅压低免疫系统功能并触发艾滋病病症。由于艾滋病患者的免疫系统无法保护他们，所以他们极易患上癌症以及结核病等传染病。

艾滋病病毒存在几种不同的类型或遗传亚型，也称为进化枝。北美、欧洲、澳大利亚和拉丁美洲的大多数感染案例属于进化枝B，而非洲的大多数感染则由进化枝C造成。

现在市面上可以买到预防母婴传播和治疗艾滋病病毒感染者的药物。人们已经发现使用药物奈韦拉平进行短程治疗，可大幅降低艾滋病病毒母婴传播的风险，且每对母婴只需花费4美元（马赛等，1999）。例如，乌干达的一项研究发现，产妇在分娩开始时服用一剂奈韦拉平，并让新生儿在出生后72小时内服用一剂，能将艾滋病病毒传播的风险降低一半（瓜伊等，1999；布鲁克斯等，2003）。然而事实上，许多艾滋病泛滥的国家仍未采取任何防止艾滋病病毒母婴传播的举措。除博茨瓦纳外，非洲撒哈拉以南地区的孕妇中只有不到1%的人接收过防止其将艾滋病病毒传播给子女的信息并接受相关治疗（联合国，2003）。据估计，在全球范围内只有5%的目标人群服用奈韦拉平（布莱克等，2003）。

在高收入国家，大部分艾滋病病毒感染者依靠抗逆转录病毒药物（ARV）存活。抗逆转录病毒药物的疗效，在很大程度上取决于患者对治疗方案的依从性和监测持续性。抗逆转录病毒药物疗法的最理想条件是让患者接受系统性的治疗方案，包括进行广泛咨询和医师护理，以及通过定期测试来监测患者病程和机会性感染的发作。特定的抗逆转录病毒药物的毒性可大可小，轻的可以忽略不计，重的却能危及生命。受这种毒性的影响，患者可能会将这种副作用同治疗关联起来，从而停止用药，让抗逆转录病毒药物疗法变得更加复杂。当接受了包含三类抗逆转录病毒药物（各含其一）的治疗方案后，一旦患者对治疗方案的依从程度跌到90%—95%以下，就有极大风险会产生具有抗药性的艾滋病病毒菌株。治疗依从性超过95%的患者中只有五分之一的人在一年内出现了病毒学失败的情况（帕特森等，2000），相比之下，对医生建议的抗逆转录病毒药物治疗方案依从程度低于70%的患者有五分之四都出现了病毒学反弹。

在治疗过程失败的情况下，患者还可以接受二线（甚至三线）的抗逆转录病毒药物疗法，使用不同的药物及潜在的不同种类的药物来进行治疗。但是这些药物通常都非常昂贵。

在受艾滋病病毒困扰的低收入国家中，目前抗逆转录病毒药物还只能为极小一部分患者提供帮助。截至本文撰写时，非洲当前仅有约50 000人在接受抗逆转录病毒药物治疗。然而据估计，非洲大陆上感染艾滋病病毒的人口达到 2 500 万，其中有 410 万人已经进入适合进行此类医学治疗的疾病发展阶段（世界卫生组织，2003）。最初用于治疗患者的药物价格已经大幅下降，但如何让患者获得这些药物并向其提供必要的陪伴式医疗护理及进一步治疗才是管理和财政的关键难题。133 名哈佛大学教职人员曾共同呼吁使用抗逆转录病毒疗法，据其估计，使用 DOTS 方案购买和提供抗逆转录病毒药物的人均费用为每年每人 1 100 美元（亚当斯等，2001）。而康奈利（2002）认为，就南非矿工而言，进行此类治疗所需的费用在 1 800 美元左右。自那以后药品生产成本下降了，且之后还有可能进一步下降。如果我们根据最新商定得出的药品费用（每年 140 美元）来调整哈佛的计算方法，则每年的总费用将降至 613 美元（如果药品免费供应的话，则为 473 美元）。有人提出可以采用比 DOTS 方案强度更低的治疗方案来进一步降低成本，但这需要权衡，因为低强度的治疗方案可能会降低患者的疗效，并且更有可能出现对目前使用的抗逆转录病毒药物产生抗药性的艾滋病病毒菌株。据欧沃尔和其同事（2003）估计，印度每名患者每年的治疗费用约为 500 美元。这些费用的估算应该将非洲撒哈拉以南地区低收入国家的卫生预算考虑在内——其平均预算为每人每年约 18 美元（世界银行，2001）。

在南非、博茨瓦纳和巴西等中等收入国家，抗逆转录病毒药物可以发挥出巨大作用。但是，艾滋病病毒感染率很高的大多数非洲国家的收入要低得多，通常仅有它们的十分之一。在贫困国家进行的许多抗逆转录病毒药物试点项目，对治疗方案的依从程度已经达到了与发达国家相当的水平。但是这些试点项目招募的患者数量一般都非常少，而且往往得益于该国一些顶尖医护人员——通常还包括来自发达国家的医疗专业人士的高度参与。贫困国家不大可能凭借自身的资源将这些项目成功地推广应用到绝大多数国民之中。

哪怕富裕国家只拿出其收入的百分之一用来解决低收入国家的健康问题，它们都能克服重重难关找到高效输送抗逆转录病毒药物的办法，并挽救数百万条生命。然而过往记录表明，面对这些用极低成本和简单方法就能拯救相当数量的生命的技术，富裕国家甚至连实现这些技术所需的最低额度的资金都不愿意出。艾滋病的政治突出性使其比其他疾病更容易筹集资金，但是就目前的集资水平而言，非洲低收入国家的绝大多数艾滋病患者似乎还无法从抗逆转录病毒药物中受益。

2000年在冲绳举行的一次首脑会议上，八国集团（美国、日本、英国、法国、意大利、德国、加拿大和俄罗斯）的领导人承诺将在2010年前达成一系列目标，其中包括让25岁及以下人群的艾滋病病毒／艾滋病感染率降低25%，让结核病的患病率和死亡率降低50%，以及让疟疾相关死亡率降低50%等。仅使用现有技术，要想实现这些目标基本无望。开发新药会有所助益。但由于疾病对药物的抗性发展迅速，且药物治疗在低收入国家中难以开展，因此要想最大程度地、可持续地减轻疾病负担，开发新疫苗是最大的希望。下一节我们将探讨这种廉价简易的技术能给我们带来什么。

廉价简易技术的作用

尽管存在严重问题，但近几十年来，低收入国家的健康状况得到了极大改善，这在很大程度上要归功于一批廉价且方便的技术的广泛应用，其中最重要的一项就是疫苗接种。举个例子，1950年印度男性出生时的平均预期寿命为39.4岁，女性为38岁；到1998年时，这一数字分别跃升至62.1岁和63.7岁（美国人口普查局，2003）。1950年，每 1 000 名印度儿童中有 146 人不满一岁就夭折了；到 2001 年，这一数字下降到了 67 人（世界银行，2003）。从 1960 年到 2000 年，智利每千名新生儿的死亡数从 107 人下降 到 10 人，冈比亚从 207 人下降到 92 人，加纳从 126 人下降 到 58 人，也门从 220 人下降到 85 人（联合国儿童基金会，2003）。在过去的 10 年中，孟加拉国的婴儿死亡率降低了 一半。

与过去处于同等发展水平的工业化国家相比，今天的 低收入国家的健康状况要好得多。例如，越南人的平均寿 命为 69 岁，尽管其人均收入比美国 1900 年的水平还要低得 多，但当时美国的人均寿命只有 47 岁。即使在经济衰退的 情况下，一个国家的健康状况也可以得到改善。[1] 例如，从 1972 年到 1992 年，非洲撒哈拉以南低收入地区的预期寿命 增长了 10%（从 45 岁提高到 49 岁），而婴儿死亡率从每千 人死亡 133 人降至 93 人，下降了 30%（世界银行，2001）。尽管在此期间以及艾滋病流行初期，该地区的人均 GDP 下 降了 13%，但其健康状况还是有所好转。此后，艾滋病的

1　数据来源于巴尔克和戈登（1989）、约翰斯顿和威廉姆森（2002）、库里 安（1994）及世界银行（2001）。即便将美国的 GDP 增长率每年少算两个百 分点，其 1900 年的 GDP 仍高于越南目前的情况。

流行扭转了非洲平均寿命增长的趋势。但是其他发展中国家的健康状况仍在不断改善。

贫困国家的健康状况之所以得到改善，很大程度上要归功于新技术的普及。对20世纪全球健康趋势的分析表明，大多数健康状况的改善源自技术进步而非收入增长。据普雷斯顿（1975）估计，20世纪30年代到60年代期间，收入增长对该时期人类预期寿命的增长仅起到了10%到25%的推动作用，而技术进步才是推动这种增长的关键因素。贾米森等人（2001）研究认为，1962年到1987年间婴儿死亡率的下降只有5%是由收入增长造成的，而21%则要归功于教育程度的提升。他们发现，还有74%是在保持收入和教育水平不变的情况下由其他因素造成的。其中最重要的因素可能是医疗技术的进步和普及，不过其他因素也可能发挥了重要作用，例如一定收入水平人群的行为习惯发生改变（比如说更倾向于烧水等）。

值得注意的是，这与历史上工业化国家提升健康水平的模式形成了鲜明对比。当时，这些工业化国家在通过科技进步生产出有效药物之前，就已经极大地提高了自身的健康水平。这一过程主要是由经济增长、收入增加以及随之而来的营养、卫生和供水等方面的改善所推动的（福格尔，2002）。当今发展中国家健康状况的改善则是一个截然不同的过程，它极大程度上依赖的是廉价、简单且高效的医疗技术的普及。

由于缺乏连贯一致的数据，我们很难准确估算出这些技术到底挽救了多少生命，但从所有信息看来，这些技术的影响力都非常之大。[1]

在抗生素出现之前，发达国家和发展中国家有数百万人死于如今很容易医治的疾病。事实上，抗生素已经消除了一些曾在高收入国家引起重大公共卫生问题的疾病，并大大降低了这些疾病给低收入国家带来的伤亡人数。比如说，虽然肺炎仍是贫困国家5岁以下儿童的头号杀手，但自从引入了廉价抗生素以后，该疾病致死人数一直在减少。肺炎患者接受为期一周的抗生素治疗所需的花费还不到25美分。据估计，目前约有40%的目标人群接受了针对肺炎的抗生素治疗（布莱克等，2003）。

避孕药具是另一种对发展中国家的健康问题产生了重大影响的廉价简易技术。据联合国儿童基金会估计，全球三分之二已婚或处于稳定关系的育龄女性，即约7亿女性，

---

[1]　本节中我们将用联合国儿童基金会编制的数据来说明它们的影响力。

目前正在采取一些避孕措施。1990年到2000年期间，已婚妇女的避孕药具使用率在全球范围内增长了近五分之一；发展中国家的百分比变化与全球的整体变化幅度几乎一致。撒哈拉以南非洲地区的避孕药具使用率陡增了近50%——尽管起点数字非常低，仅有16%。由此导致了生育率降低，产妇死亡数量也随之减少。此外，由于小家庭的婴儿死亡率相对较低，避孕措施还极有可能有助于降低婴儿死亡率。

　　腹泻是导致贫困国家儿童死亡的主要疾病之一。针对腹泻引起的脱水，口服补液疗法（ORT）是一种廉价且有效的治疗方法。补液是将食盐和糖在干净的水中加以混合制成的，供患者口服，用于代替人体基本的体液和盐分。尽管很难计算出与腹泻相关疾病的特定病因死亡率，但据联合国儿童基金会（2004）估计，口服补液疗法的使用每年可挽救一百万儿童的生命。约有20%的目标人群（即可从该疗法中受益的人）目前正在接受口服补液治疗（布莱克等，2003）。

　　简单而廉价的补充剂可帮助患有维生素A缺乏症的人群预防失明，并使得由腹泻、麻疹和急性呼吸道感染等疾病引起的儿童死亡数量下降23%。据联合国儿童基金会估计，得益于维生素A补充剂的供应，1998年至2000年间有超过一百万儿童免于死亡。目前估计有55%的目标人群在服用维生素A补充剂（布莱克等，2003）。

　　在那些几乎不需要培训或昂贵设备就可实施，且能对人类健康产生巨大影响的简易技术中，疫苗可以称得上是个中典范。与药物相比，疫苗在卫生保健基础设施落后的低收入国家中流通起来更方便。接种疫苗不需要先行诊断，疗程较短，可以多剂量注射，而且很少会产生较大的副作用。因此接受过少量培训的医护人员就可以开具和分发疫苗。此外，疫苗基本上不会发展出抗药性。

　　疫苗大获成功的最突出案例就是它在1980年消灭了天花病毒。当1967年世界卫生组织启动天花根除工作时，每年约有1 500万人感染这种疾病，其中200万人死亡。据世界卫生组织估计，在根除天花之后的20年中，全球有3.5亿人免于感染天花，4 000万人的生命得到了挽救。

　　目前，一场类似的、针对小儿麻痹症的运动正在开展之中。据世界卫生组织估计，自1988年该运动开始推行以来，小儿麻痹症的发病数量已经从125个国家共计35万例减少至7个国家仅1 919例（世界卫生组织，2004）。

　　疫苗免疫了足够多的人群，从而使感染得以根除，但这还不是疫苗最了不起的成就。疫苗带来的主要好处在于它完成了一项远比前者简单得多的任务：它被送到了足够多的人手上，从而大大降低了那些本可能造成大量伤亡的疾病的死亡率。目前，全球74%的儿童会通过世界卫生组织的扩大免疫规划（EPI）接种一套廉价且非专利的标准疫苗包。[1]这些疫苗每年可挽救约300万人的生命（金－法利，1992）——每天将近10 000人，还使数百万人免受疾病和终身残疾的困扰。[2]尽管各地的疫苗接种率不均衡，但联合国儿童基金会、世界卫生组织的调查报告显示，1995年到1999年间，低收入国家70%的婴儿接种了三剂百白破（百日咳、白喉和破伤风）疫苗（世界银行，2001）。在比尔及梅琳达·盖茨基金会的主要资金支持下，全球疫苗免疫联盟（GAVI）已经开始着力提高现有疫苗的覆盖率，因此疫苗接种率有望在近期内得到提升。

　　然而，目前还没有针对疟疾、血吸虫病或艾滋病病毒的疫苗。此外，尽管已有预防结核病的疫苗——卡介苗（BCG），但它只能在短期内提供不完全的防护。卡介苗的效果似乎存在地域梯度差异——在较温暖的赤道地区效果

1　有人认为74%这一数字估值过高。
2　扩大免疫规划提供的疫苗可预防的疾病包括麻疹、小儿麻痹症、新生儿破伤风、乙型流感嗜血杆菌（Hib）、风疹和黄热病。

较差，在北部地区效果则更好。在英国进行的试验表明，疫苗有效率高达80%，而在美国南部和印度南部进行的试验则显示其疗效接近于零（世界卫生组织，1999d）。对此，人们普遍接受的解释是：当卡介苗接触到温暖气候中常见的环境分枝杆菌后，其提供的保护效果就会降低。

第 3 章

针对低收入国家需求的
私人研发不足

贫困国家从各类药物中受益巨大，特别是疫苗。但是这些药物大多是为了能在富裕市场实现预期销售而开发的。它们给低收入国家带来的影响主要还是一种顺带的福利。鲜少有人以解决集中出现在贫困国家的健康问题（如疟疾、结核病、血吸虫病或南美锥虫病等）为目的来展开私人研发。针对艾滋病病毒/艾滋病的大多数研究都集中在药物治疗方面，而肯定能为低收入国家挽救更多生命的疫苗则少有人问津。而且即便有私人企业进行预防艾滋病病毒的疫苗研究，大部分针对的还是在较富裕国家中常见的病毒类型。

　　有人辩解说，之所以缺乏对这些疾病的疫苗研究是因为其背后的科学难关无法攻克。毫无疑问，挑战是艰巨的，但近期的一系列科学进展提升了开发出预防疟疾、结核病和艾滋病病毒疫苗的可能性。

针对低收入国家的研发范围

　　1975年到1997年间，在全球范围内获批的1 233种药物中，只有13种是针对热带疾病的药物（佩库尔等，1999）。而在这13种药里，有5种药来自兽医研究，两种是对现有药物的改良，还有两种药是为美国军队生产的，只有4种药是商业制药公司专门针对人类所患的热带疾病而开发的。1992年当年，半数的全球医疗研发工作是由私人企业完成的，但是其中只有不到5%的研发力量花在了专门针对贫困国家的疾病上（世界卫生组织，1996）。

　　血吸虫病和疟疾等主要困扰低收入国家的疾病在研究经费上尤为缺乏。针对艾滋病病毒/艾滋病的研究更为活跃，其主要方向是抗逆转录病毒疗法。尽管这些研究对发达国家民众产生了巨大影响，但它们使用起来比疫苗更加复杂且价格更高，因此在低收入国家感染艾滋病病毒/艾滋病的人中只有极小一部分人可以从中受益。

　　艾滋病病毒的私人疫苗研究主要针对的是在富裕国家而非非洲常见的艾滋病病毒毒株，要知道全球有三分之二的新感染案例都发生在非洲。

据国际艾滋病疫苗行动组织（IAVI）估计，艾滋病疫苗研发的总投资在4.3亿到4.7亿美元之间，但其中仅有5 000万到7 000万美元来自私人企业，剩下的均来自政府和非政府组织。全球在疟疾疫苗研发方面的总投资比艾滋病疫苗低一个数量级，公共和民营部门加起来其总数也仅在6 000万到7 000万美元之间（穆尔迪，2004）。获得研发投资更少的还有一种抗血吸虫病疫苗：据世界卫生组织（2002c）估计，1997年到2002年期间，总共只有410万美元的研发资金投入该抗血吸虫病疫苗的研发工作中，而且就连这么低的投资水平都呈现出连年缓慢下降的趋势。

全世界公共和民营领域每年在医疗研发上的花费加起来超过700亿美元，据估计，其中只有10%的资金用于研究困扰全球90%人口的健康问题（即所谓的10/90差距）（全球卫生研究论坛，2002）。

新疫苗的科学前景

毫无疑问，要想开发出针对艾滋病病毒/艾滋病、结核病和疟疾的有效疫苗还存在着许多棘手的难题，其部分原因在于每种疾病都存在多种变异且进化得很快。尽管如此，许多科学家仍对疫苗的长期科学前景持乐观态度。免疫学、生物化学和生物技术领域近期取得的进展，为了解这些疾病的免疫反应，以及在实验室和动物模型中对候选疫苗进行早期测试提供了新的工具。我们已经得到了艾滋病病毒和引起结核病及疟疾的微生物的完整遗传序列。

面对遗传的多样性，这些技术进步或将有助于科学家创造出更加有效的疫苗，例如新疫苗或许可以同时瞄准疾病微生物上的多个位置而不仅仅是单一部位。不断增加的技术机会在一定程度上使得疫苗注射重获世人关注，有些人也因此将20世纪后期称为疫苗的"黄金时代"。

在几种啮齿动物和灵长类动物模型中，一些候选疫苗已被证明可以有效预防疟疾。此外，自幼生长在疟疾流行地区的人对于严重疟疾具备一定的自然免疫力，这说明人类的免疫系统可以抵抗疟疾的自然感染。由于疫苗是通过模仿自然感染来刺激免疫系统的，因此它们同样可以起到预防疟疾的作用。

美国国家科学院1996年发布的一份报告总结称，从科学角度而言，开发疟疾疫苗是可行的。更近些时候，穆尔迪等人2004年在《柳叶刀》杂志上发表的一篇评论性文章认为："尽管不可能做出准确的预测，但如果筹集了足够的资金，开发出一款可推广的有效疟疾疫苗是一个切合实际的中长期目标。"然而其他科学家对于通过目前正在探索的研究途径来开发疟疾疫苗持更加悲观的态度。就如我们之后将要讨论的，在开发前景上存在如此分歧的案例，尤其适合运用疫苗承诺等拉动项目。

事实证明，一些候选疫苗能在动物模型中激发预防结核病感染的保护机制。研究发现，卡介苗在英国能有效预防结核病（尽管在热带气候中无效），这个例子说明人类的免疫系统可以预防结核病感染。

人们已经发现一些候选的艾滋病病毒疫苗可以保护猴子不被感染，且可以诱发人体产生免疫反应。事实上，两种候选疫苗在2003年达到了药效试验的最终（第三期）水平，但是总体而言结果并不理想。尽管如此，艾滋病病毒疫苗的研发工作仍取得了重大进展（纳贝尔，2001）。美国国家过敏症和传染病研究所所长安东尼·福奇博士2003年指出，许多艾滋病病毒候选疫苗都很有希望。

对于其他对发展中国家影响尤其严重的疾病，或许也有望开发出相应的疫苗。世界卫生组织热带病研究与培训部门前负责人罗伯特·伯格奎斯特2004年指出，该领域的大多数科学家都认为有希望研制出一款针对血吸虫病的疫苗。

第 4 章

市场和政府失灵

我们在第2章中指出了贫穷国家对传染病新疫苗的迫切需求，并在第3章中探讨了这些新疫苗在研发上的投入不足问题。研发抗疟疾、结核病和艾滋病病毒疫苗所存在的技术难题，或许是各方不愿对相关的必要研究进行投资的原因之一，但是面对其他高强度的技术难关，生物技术和制药公司在受到充分的市场激励时还是会接受挑战。正如我们所看到的，针对主要影响贫困国家的疾病所研发的产品寥寥无几。在本章中我们指出，限制研究的一个关键因素是市场规模过小。这些针对穷国主流疾病的疫苗之所以市场很小，不仅是因为这些国家的收入低，还因为相关疫苗及研发存在着严重的市场失灵。纠正这些市场失灵的政府行为（尤其是外国援助）可能需要付出高昂的代价。然而不幸的是，围绕疫苗所出现的市场失灵背后往往都伴随着政府失灵。

正如我们将要讨论的，疫苗和疫苗研究的市场失灵至少由两个原因造成。首先，疫苗不同于大多数商品，因为个人接种疫苗有助于减少疾病的传播，从而起到造福他人的作用。其次，开发人员很难完完全全地利用相关的研发成果，因为其中包含着可以被他人复制的无形知识。专利可以保护其中的一部分收益。但要想将这些收益变现，就必须收取远远高于生产成本的费用，这就意味着数百万低收入人群将无法获得救命药物和疫苗。

这就导致许多贫困国家放弃了为药品打造强有力的专利保护机制，开发者因此也不愿意研发针对贫困国家市场的产品。对一般药品适用的规律对疫苗来说尤其如此，因为疫苗的采购者往往不外乎是政府或联合国儿童基金会等国际机构，它们可以利用自己作为大买家的主导地位来压低价格。

这些市场和政府失灵的情况表明，投资疫苗研发给社会带来的益处要比私人投资者获得的收益大很多倍。两者的这种差距意味着，政府或非营利组织如果对疫苗研发进行援助和鼓励，其回报可能要远远大于对贫穷国家其他形式的援助。

低收入国家的市场很小。非洲当今的药品销售额仅占全球市场的1%（见图4）。在许多贫穷的小国家里，药品开发商们通常甚至懒得费心去争取专利（阿塔兰和吉莱斯

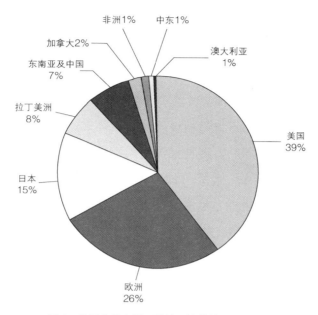

图4　世界药品市场，按地区计算销量（1998）

来源：美国药物研究和制造商协会（PhRMA）《2000年行业概况》（改自该报告的图7-2）。

皮·怀特，2001）。仅康涅狄格州一个州的医疗卫生支出就超过了非洲撒哈拉以南地区38个低收入国家的总和。[1]

1　作者的结论是根据世界银行2001年及美国人口普查局2000年的数据计算而来的。

为什么要让外国援助介入疫苗研究？

经济学家们常说，与其通过外国援助来购买特定商品，不如让接受援助者自己选择怎么花这笔钱。如果我们只考虑大多数有形商品，这种说法不无道理。如果人们非常重视蛋白质的摄入，他们可能会花更多钱来买鸡蛋。对此，农民的反应自然是养更多鸡、卖更多蛋。相反，如果人们非常需要鞋子，那么工厂就会扩大生产以满足人们的需求。

要得出"给钱比提供某类商品更好"这一结论有一个关键性的假设，那就是如果人们对某种产品的估值高于其生产成本，供应商就会满足该需求。然而，这种情况不太可能发生在新药开发领域里。鸡蛋或鞋子与药品有两个重要的区别。

首先，购买鞋子的人通过使用它就获得了全部的收益，而接种疫苗的好处还能延伸到其他人身上，因为疫苗通常会干扰疾病的传播。

其次，鞋的主要生产成本包括原材料、劳动力和用于制造的资金，但生产新药物的主要成本却在研发上。生物技术和制药公司的核心产出不是一个实体产品，而是知识。

而知识的运用比鞋子等有形产品更难控制。新药被研发出来后，通常可以以相对低廉的价格进行生产，因此从未对相关研发工作投入资金的公司可能会成为受益者。[1]

这些区别就意味着，向重视健康的人提供资金不会对疫苗的研发产生适当的激励作用。经济学家将个人愿意为一种产品支付的金额总和称为产品的"社会价值"。蛋商的生产动力大致与鸡蛋的社会价值保持一致——如果消费者愿意以每只15美分的价格买进更多鸡蛋，那么只要鸡蛋的成本不到15美分，农民就会供应鸡蛋。

这种情况对疫苗并不适用。鉴于目前感染疟疾的风险，假设有10亿人愿意每人支付40美元来免疫该疾病，那么抗疟疾疫苗的社会价值将是400亿美元。但是这些人是不会愿意每人为疫苗花40美元的，因为当部分人接种疫苗后，人们被暴露于寄生虫的蚊子咬伤的几率也会相应下降，所以对于未接种疫苗的人而言其价值就下降了。此外，人们或许还可以从一家"山寨"生产商那里以更低的价格买到疫苗，因为该生产商靠着"搭便车"就能坐享疫苗开发者的原创成果。

1　仿制新疫苗的技术难度要比仿制普通药物大，但仍比独立研发要简单许多。

当制药业缺乏政府力量介入时，由于在获取知识的商业回报方面存在根深蒂固的问题，企业往往没有足够的动力开展相关研发工作。我们假设一家制药公司如果花费3亿美元，将有10%的把握开发出一种生产成本微乎其微的疟疾疫苗。那么从社会的角度看，花费3亿美元就有10%的机会产出400亿美元的收益，肯定是值得的。

然而，研发工作对私企来说却不见得能盈利。假设疫苗可以以每剂15美分的成本进行复制和生产。如果原创开发商试图以能收回研发成本的价格来出售疫苗的话，另一家公司就会抢占其市场。疫苗的潜在开发商一旦想通了这一点，一开始就不会进行投资。

疫苗还可能由于其他原因而出现消费不足的情况。比起预防疾病，人们似乎更愿意把钱花在治疗上。低收入国家的许多疫苗潜在消费者受教育程度很低，而且总是有充分的理由怀疑政府（哪怕政府说是在为他们服务）。因此，他们可能并不太信任官方宣传的接种疫苗的好处。他们可能会先静观其变，观察邻居接种完疫苗的情况。然而与药物治疗不同的是，疫苗接种的好处并不是立竿见影的，很多未接种疫苗的人也永远不会感染这种疾病。到头来疫苗的主要受益者往往是儿童。大多数父母在做出决定时会适当地考虑到子女的健康，但有些人却没有这么做。

专利的权衡

在没有政府干预的情况下，相关研发工作将缺乏展开的动力。对此，许多国家已经给出了应对之策，即为知识建立起特别的产权保护机制——包括专利权、版权等在内的知识产权（IPR）。但这些激励机制是有代价的。专利使商品对消费者来说变得更加昂贵；具体而言，专利持有者可以将产品以高于生产成本的价格进行销售，而不必担心会被竞争对手压价。这意味着，在边际情况下，一些商品即使其社会价值超过了生产成本也无人问津。

因此，各国就知识产权保护的利益和成本进行权衡后做出了不同的决定也就不足为奇了。例如，瑞士在19世纪的大半时间里根本没有专利制度。1851年，《经济学人》杂志刊登了一篇社论，声称"公众会意识到专利……是在靠开空头支票来欺骗人们。无论专利法被制定得多么美好，它都不可能带来任何好处"（重印版见2002年《经济学人》）。虽然美国宪法制定者为专利权设定了相关条款，但美国各地的执行情况却各不相同。例如，发明了轧棉机技术（通过机械将棉籽从棉花中剥离）的伊莱·惠特尼在向农民收取专利使用费时就困难重重。图5说明疫苗专利持有人实际上就是一个垄断者，因为只有他有权出售该产品。[1]下滑的需求线显示了消费者购买疫苗的意愿。较低的水平线代表的是耗费研究成本并建好工厂后，每额外生产一剂疫苗所需要的成本。为了将利润最大化，专利持有人会采用能最大限度扩大A——即去掉边际生产成本后的收入盈余——的垄断价格。如果企业认为A的规模大于经过风险调整的疫苗研发成本及建造工厂的成本，它们就会给

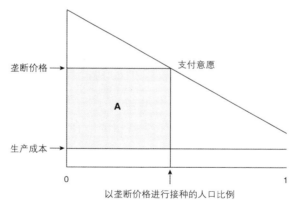

图5　垄断价格下的疫苗定价及使用率

1　该分析来自疫苗接种的溢出收益。

疫苗的研发投入资金。

　　这就造成了一个两难境地。一方面，如果社会不给予疫苗开发者垄断权，疫苗可能永远都不会被研发出来，所有人都得不到保护；另一方面，如果专利权得到了保障，许多人即使愿意花高于额外生产成本的价钱来购买疫苗也买不起。

　　请注意，如果疫苗制造商可以向不同的消费者收取不同的费用，它会十分乐意为那些对疫苗的心理价位高于其生产成本，但低于垄断价格的消费者服务。在极端情况下，如果疫苗制造商能够向每个消费者准确地收取他或她愿意支付的产品费用，它就可以获得图5中三角形所代表的全部收入，并将疫苗卖给所有认为其价值高于边际生产成本的人。

　　这表明分层定价，即向不同类别的消费者收取不同的价格，有很多诱人之处。而且制药商们确实在很大程度上给贫困国家开出了较低的产品价格。但是，由于担心低价出售的产品会被富裕国家的消费者重新进口，制药商们在区别定价时常常受到限制。

　　更重要的是，由于害怕富裕国家出现政治抵制，制药商们进行区别定价的意愿往往会有所消退。制药公司很难证明其产品在不同国家售价悬殊具有合理性。例如，佛罗里达州参议员保拉·霍金斯曾询问一家大型疫苗制造商，为何该公司向美国政府开出的疫苗价格是对其他国家的近三倍，此后美国生产商们不再向联合国儿童基金会递交疫苗供应的投标（米切尔、菲利普斯和桑福德，1993；美国国会、参议院，1982）。1993年，当克林顿总统宣布他计划让所有儿童接种一套能免疫多种疾病的疫苗时，他说："我不敢相信真的有人认为美国应该为全世界制造疫苗**并以更低的价格卖给外国**，要知道除了玻利维亚和海地之外，美国的儿童免疫率是这个半球上最低的。"（米切尔等，1993）

面对此类说法，也难怪制药公司不愿意在贫穷国家降低药品价格。最近美国还掀起了一场声势浩大的运动，要求允许从加拿大进口药物，这可能进一步阻碍制药公司在各国之间进行大幅度地分级定价。虽然分级定价有助于抗击影响工业化国家的疾病，但它始终不会对疟疾、结核病和C亚型艾滋病病毒等主要影响穷国的疾病的研究起到促进作用。

低收入国家和知识产权

大多数低收入大国都没有采取有效的专利保护措施，

它们允许企业仿制和销售药品，以此压低药品价格（西贝克等，1990）。例如，根据印度1970年颁布的专利法案，药品不能（截至本文撰写时）获得专利。因此在印度，企业可以自由仿制别国的专利药品并进行交易（兰久，1996）。[1] 已故印度总理英迪拉·甘地1975年曾说过："我认为一个更井然有序的世界里，医学发现不应有专利，没人可从生死中牟利。"（贝利，2001）

《建立世界贸易组织协定》中的附件1C，也就是1994年签订的《与贸易有关的知识产权协定》（TRIPS），要求所有成员国为药品提供20年的专利保护（世界贸易组织，2001a）。TRIPS得到了美国的支持，而其他国家则努力争取加入限制TRIPS的条款。事实上，原始版本的1994年TRIPS协定第31条规定，"在国家紧急情况、其他极端紧急情况或公共非商业用途情况下成员国可以免除"相关专利资格。

南非和巴西争取对治疗艾滋病药物专利实施强制许可的案例把这一问题推向了白热化。富裕国家的艾滋病活动家们纷纷支持这一诉求。由于公众的强烈抗议，美

1　药品生产技术是可以申请专利保护的，但这仍然意味着印度企业可以对别国的专利药品通过逆向工程进行仿制。

国放弃了与南非和巴西的有关争端（南非从专利保护弱国进口医药产品，巴西在未经许可的情况下生产尚受专利保护的药品）。面对此类的公关噩梦，制药公司最终将其在最不发达国家的产品价格降到了零利润乃至负利润的水平。

由于对治疗艾滋病药物定价的反对声音强烈，最终世贸组织谈判人员就 TRIPS 和公共卫生问题单独通过了一份宣言。该宣言将最贫穷国家建立药品专利保护的过渡期延长到了 2016 年（世界贸易组织，2001b）。然而即便是这个期限也不一定能按时执行。2003 年 8 月，世贸组织各成员国达成一致，允许成员在世贸组织决议的条款范围内出口根据强制许可生产的药品。无论如何，TRIPS 条款的执行要取决于提起诉讼的国家，而各国是否会提起这样的诉讼尚不得而知。

无论实施艾滋病药物强制许可的决定总体上有哪些好处，毫无疑问，药品开发商都会将专利保护的削弱视为一个先例，一个可以低价获取疫苗和其他药品的先例。在这样的环境下，制药公司或许不愿意对治疗穷国主流疾病的药物或疫苗研究进行大规模投资。

在我们看来，关于低收入国家药品定价和知识产权的辩论意义深远。这场辩论将建立研发奖励机制以开发新药品的目标与确保药品开发出来后能得到广泛运用的目标对立了起来。这两个目标都很关键，世界需要新的机制来推动两者的发展。在本书的后半部分，我们将探讨对有需求的疫苗作出购买承诺如何能同时推进这两个目标。

即使落实了专利保护机制，研究激励手段仍然是次优选项，特别是对疫苗而言。一旦一家制药公司冒险投入数百万美元开发出一种新药或疫苗，其他公司往往会对该原创药作出一定调整（以避免专利侵权），然后推出竞争产品。这样的"山寨"药物使得原创药不得不降低价格（从而降低收益）。

在计算机软件等许多行业里，第一家挖掘到新商机的公司往往能获得一定的客户群。由此产生的"先行者"优势在一定程度上可以弥补竞争对手绕开其知识产权所带来的损失。然而在疫苗这个领域里，先发优势十分受限，因为它们通常是由政府和国际组织这些缺乏品牌忠诚度的买家购买的。此外，疫苗买家的数量非常少。由此带来的买方市场优势抵消了专利保护的收益，也因此抵消了创新的动力。

最后，克雷默和斯奈德曾在2003年表明，比起药物企业可能更不愿投资疫苗，这是因为如果感染某种疾病的风险因个体而异的话，企业就无法依靠疫苗的优势得到充分的回报。我们思考一个简单的例子就能了解背后的原因：假设在1亿人中，有9 000万人有百分之十的可能会感染某种疾病，还有1 000万人百分之百会感染该疾病。再假设，每人愿意花10美元来消除自己那百分之十的感染风险，已经感染的人愿意花100美元来治好该病。

这样一来，销售治疗该疾病药物的公司就可以以100美元的价格将药品卖给所有感染者。大约有1 900万消费者会患上这种疾病（全部的1 000万高危人群加上900万低风险人群）。所以该公司的总营收将达到19亿美元。在这个假设案例中，这与产品的社会价值相统一。

相比之下，对于一家开发疫苗的公司来说，它要么以100美元的单价只把疫苗卖给1 000万高风险消费者，要么以10美元的单价卖给全部这1亿消费者。无论选择哪条路，该公司的收入都是10亿美元，差不多只有该产品社会价值的一半。按照克雷默和斯奈德2003年的测定，仅这一因素就可以使防治性传播疾病药物的销售收入超过相应疫苗的销售收入的四倍。

上述问题——特别是"无法从疫苗消费中获取'外部效应'"和"知识相关产权难以执行"这两点——说明私人疫苗开发者的回报远低于疫苗的社会价值。这反过来意味着开发者愿意探索的研发机会将远远少于社会最理想水平。如果成功的概率乘以疫苗研发成功后研发者的预期私人收益超过了研发成本，那么企业就会愿意将资金投到相关项目的研发上。而如果研发成功的概率乘以疫苗的社会价值（研发成功的情况下）大于研发成本，那么该项目的实施对整个社会来说是值得一试的。

许多对社会有价值的项目，对私人开发者而言，缺乏商业吸引力，这是因为这些项目带来的私人回报要远远低于其社会效益（见图 6）。如图 6 所示，具有商业吸引力的项目是那些成功概率相对较高、疫苗的私人回报（平均来说）可以收回研发成本的项目。然而，当一个研究项目的社会效益高于私人回报时，那么判断其是否值得执行推进的门槛就相应地降低了。因此，在缺乏某种干预的情况下，应执行的项目数量往往高于实际会执行的项目数量。换句话说，即使一些疫苗项目的成功率远远不足以吸引到私人投资，但投资这些项目还是符合整个社会的利益的。

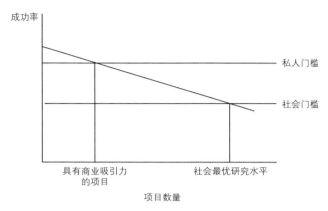

图6　具有商业吸引力的研究项目以及具有社会价值的项目

社会效益与私人回报：一些数值评估

疫苗创新带来的私人回报与社会回报之间究竟有多大的差距？经济学家估计，即便在知识产权保护执行到位的情况下，相关研发的社会回报通常也是私人开发者获得回报的两倍（纳迪里，1993；曼斯菲尔德等，1977）。但相较于一般产品而言，疫苗领域出现的市场失灵情况要严重得多。为了说明这一点，我们将格伦纳斯特和克雷默2001年提出的模型进一步扩展，假设有一种100%有效且能提供20年免疫的单剂量疟疾疫苗。

　　要评估某种健康干预手段的成本效益，通常看的是其每挽回一个伤残调整寿命年（DALY）所需要的成本。在美国，每挽回一个伤残调整寿命年的花费在5万至10万美元之间的健康干预措施通常被认为是较为合算的（纽曼等，2000）。世界银行在《1993年世界发展报告》中间接指出，如果健康干预措施每挽回一个伤残调整寿命年的花费不超过100美元的话，那么该措施对贫困国家而言就是极富成本效益的。还有报告建议使用国家的人均国民生产总值作为临界值（世界卫生组织东南亚区域办事处，2002），一些人指出，世界银行可将此作为一条经验法则（全球疫苗和免疫联盟，2004；世界卫生组织，2000d）。

　　世界卫生组织近期估计，疟疾每年造成了4 500万个伤残调整寿命年的损失（世界卫生组织，2000a）。疫苗最理想的受众是尚未发展出一定自然免疫力的5岁以下儿童，以及怀有头胎的孕妇（她们的免疫系统受到抑制）。中低收入国家每年约有8 600万新生儿和2 100万首次怀孕的妇女，而这些国家的疟疾泛滥程度之高使得疫苗接种在各种假设下都具有成本效益。假设经过一段过渡期后，新生儿的疫苗接种率达到了第三剂百白破疫苗（DTP3）的接种率水平（这是衡量免疫覆盖率的一般标准），且头胎孕妇的疫苗接种率接近破伤风类毒素疫苗（TT2），那么最终每年将有7 500万人接种疫苗，每年能挽救超过3 000万个伤残调整寿命年。

如果我们假设替代性医疗支出方案只花100美元就能挽回一个伤残调整寿命年，那么哪怕疫苗的价格高至人均40美元，对这7 500万人接种抗疟疾疫苗仍然比其他医疗方案更具吸引力。这将转化为每年30亿美元的永久性收入。而且这些数字还不包含疾病传播减少带来的社会效益，以及减少疟疾流行带来的潜在经济效益（包括对疟疾患者的个人影响等）。

在低收入国家，儿童疫苗的历史销售总额每年只有2亿美元（世界银行艾滋病疫苗工作队，2000），即使按每个伤残调整寿命年100美元来估算，一款抗疟疾疫苗都能给社会带来30亿美元的价值，与这个数字相比，2亿美元只是很少的一部分。

与目前列入世界卫生组织EPI项目的专利过期疫苗相比，受专利保护的疫苗大概率能创造更多收入。前者的单剂售价历来在50美分上下（罗宾斯和弗里曼，1988）。但是在目前的制度下，疫苗开发人员所能得到的回报显然很受限：当乙型肝炎疫苗以每剂30美元的价格被引进时，它在低收入国家几乎无人问津（穆拉斯金，1995；加兰博斯，1995）。即使每剂只要一或两美元，最贫穷国家的大多数儿童也无法接种乙肝疫苗和乙型流感嗜血杆菌疫苗（总会计署，1999）。事实上，鉴于贫困国家目前的疫苗价格和卫生预算，疟疾疫苗研发者的收入很可能连成本效益门槛（接种者人均40美元）的十分之一甚至二十分之一都达不到。

从整个社会的角度看，即使疟疾疫苗的必要研发工作风险大、费用高，以至于必须向每个接种者收取40美元的价格——即每年30亿美元的永久性市场——才能收回成本，研制疟疾疫苗也是符合成本效益的。但是，只有当疫苗开发者认为每剂疫苗风险调整后的成本（包括研发成本）低于私人开发者可能赚到的每剂2美元左右的情况下，疫苗才可能成为具有商业吸引力的投资。

公共采购的作用

从理论上讲，大规模的政府采购可以弥补私人市场失灵带来的研发动力不足和已成熟疫苗的使用率降低问题。但为了解决市场失灵问题，政府需要向疫苗生产商（往往是不受欢迎的跨国公司）支付高昂的价格，并对疫苗的供应进行补贴。单纯建立疫苗的知识产权保护机制和允许私人销售会出现疫苗消费不足的情况，而单纯地压低疫苗购买价格和补贴消费又会打击研发者的积极性。

由于疫苗开发的成本很高，但额外生产疫苗的边际成本很低，因此当政府以高于生产成本（但低于垄断价格）的价格进行大量采购时，疫苗生产商和消费者双方的收益都将高于生产商以垄断价格销售疫苗的情况。如果政府买的疫苗够多，生产商的收益可能比以垄断价销售时更高。因此，哪怕政府支付的价格低于垄断价格，政府采购也可以真正地激发研发者的积极性。

大规模公共采购可以扩大市场、降低人均成本。为了了解它是如何造福每一个人的，我们假设人们的支付意愿与收入成正比，并假设政府为了获取足以免疫全部人口的疫苗，同意向疫苗生产商支付相当于A、B、C、D区总和的金额（见图7）。如果这些采购费用是用所得税来支付的话，那么所有本应支付垄断价格的人都只需支付低于该价格的金额，而其他所有人则只需支付略高于实际生产成本的价钱，这样对疫苗生产商和公众都更有利。D区和E区的总和是这个疫苗采购项目带来的社会效益。

在这个假设中，政府的目的不是为了争取最低价格，

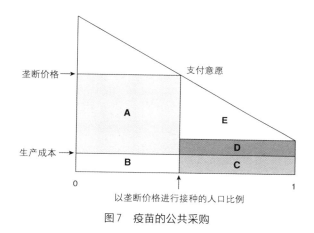

图7　疫苗的公共采购

而是为了获得一个让生产者和消费者都有更大收益的价格。然而在实际操作中，政府支付的金额通常要少得多，原因有二：

第一，即便政府对疫苗接种这件事高度重视，它也有充分的动机在开发商进行研发投资以后，将疫苗价格压低至仅涵盖其生产成本的水平——这就忽略了疫苗的研发成本。这就是经济学中的时间一致性问题。此外，政府向来处在一个能大肆压价的位置上，因为它们往往是疫苗的大买家，并且还扮演着药品监管者和知识产权执行者的角色。这也有助于解释为什么历史上低收入国家儿童疫苗的年销售额只有2亿美元（世界银行艾滋病疫苗工作队，2000）。

第二，由于疫苗研发是一项全球公益事业，因此，对于他国政府资助的研究，或由于他国承诺加大知识产权保护力度从而催生出的研究项目，每个国家都想"搭顺风车"。每个国家都能从新疫苗中受益，但每个国家都希望其他人来承担研发费用。所以，抗疟疾、结核病和非洲艾滋病病毒疫苗的研究之所以匮乏，不仅仅是因为这些疾病泛滥的国家太过贫困，同时还因为受到了困扰所有"公共"产品生产的搭便车问题的影响。

像美国这样的大国深知如果它们"搭便车"就可能会抑制研究的发展。但像乌干达这样的小国知道自己的行为几乎不会对整个研究激励机制造成影响。但即便如此，如果每个非洲国家都无视专利保护制度，制药公司还是不会有什么动力去研发抗疟疾疫苗。

除了时间一致性和全球公益问题之外，一些国家还因为种种政治原因而不太看重获取和分发疫苗这件事。由于疫苗产生的收益分散在各个领域，因此比起把经费投资在疫苗上，一些政客更愿意花钱造福那些较为集中且更有组织的群体。比如说，建造一所医院的主要作用是为附近的居民提供高价值的服务，因此这些居民可以组织起来游说当权者建造这所医院。同样，艾滋病等疾病的感染者会为了争取治疗补贴而进行游说。还可以想想以各种工会为组织的医疗工作者们，当政府削减卫生预算时，他们通常会动员起来去保护现有职工的工资和岗位。

这个世界需要既能鼓励新药研发，又能让穷人获取这些药物的新机制。要实现这个目标，我们必须想办法使制药公司期望从投资中获取回报的目标与公众在快速创新和产品广泛分销中能获得的收益保持统一。

这样的有效机制最好能同时解决时间一致性和搭便车两个问题。时间一致性问题表明，我们不可能等到疫苗基本准备就绪了再去解决激励问题。搭便车问题意味着，如果个别国家只狭隘地追求自身利益，它们的行为将减缓创新速度。因此，解决方案必须来自具有更广泛授权的实体——可以是国际组织，也可以是双边援助项目或私人基金会等。

第 5 章

推动计划的作用

研究激励的相关文献区分了推动和拉动两种方法。推动方案通过向学术界拨款、对产品开发进行公共股权投资、对研发投资实行税收减免，以及为政府实验室提供经费等方式补贴研究投入。拉动方案则通过给出奖励成功者的承诺——例如保证购买一定数量的产品，或者承诺一个其愿意支付的最低价格——来增加开发特定产品的回报。所以两者的区别大致在于：是把钱花在研究投入上，还是研究产出上。

　　高收入国家的研发系统在推动创新方面向来非常成功，它将推动和拉动结合在了一起。美国国立卫生研究院（NIH）等政府组织支持基础研究的发展，接着私营部门在专利保护承诺的激励下，将这些研究转化为可用产品。制药公司对产品销售前景的信心是其进行研发投资的主要动力。要将同样的原理应用到贫困国家所需的疫苗和药物上，就需要对基础研究实施推动方案，并用拉动机制鼓励生物技术和制药公司把研究转化为疫苗和药物。目前已有一些推动计划及组织在支持对贫困人口疾病的研究，其中包括国际艾滋病疫苗行动组织（IAVI）、抗疟药品事业会（MMV）和疟疾疫苗行动（MVI）等。

相比之下，对于抗疟疾、结核病或艾滋病病毒疫苗的潜在开发者们而言，目前还没有相关方案能给他们可靠保障，确保研发成功后他们将获得适当的奖励。

在本章中，我们回顾了两个推动计划的案例（一个成功，一个失败），并用这些案例来说明推动计划中的动机问题。下一章我们将探讨拉动计划的作用。

脑膜炎球菌性脑膜炎：
一个成功的推动计划案例

即使在患者得到积极治疗的情况下，脑膜炎球菌性脑膜炎的致死率仍有10%左右。在贫穷国家，脑膜炎球菌性脑膜炎的死亡率在20%到40%之间。在活下来的患者中，四分之一的人会出现脑瘫、言语缺陷或其他形式的永久性脑损伤。美国在加入第二次世界大战后不久，就经历了一场严重的A型脑膜炎球菌疫情。

埃尔文·卡巴特和迈克尔·海德尔伯格发现肺炎球菌

多糖具有免疫能力，但事实证明这种疫苗太弱，无法激发免疫系统中的抗体反应。此外，人们发现抗生素对于治疗脑膜炎球菌感染有效果。所以在20世纪40年代，科学家们放弃了研制脑膜炎球菌疫苗的尝试。然而在60年代初，由于出现了对抗生素产生耐药性的脑膜炎球菌菌株，加上该病在军队中的发病率上升（平均每10万人中每年有25.2例感染），沃尔特·里德陆军研究所（WRAIR）的科学家们不得不研制一种脑膜炎球菌疫苗。

1969年，沃尔特·里德陆军研究所的马尔科姆·阿尔滕斯坦、艾文·戈德施奈德和埃米尔·戈茨利克三名医生在卡巴特和海德尔伯格的基础研究上，进一步延伸，开发出一种抗A型和C型脑膜炎球菌的多糖疫苗。这款疫苗极大地降低了美军的感染率，1971年时，美军已经要求全体新兵都接种脑膜炎球菌多糖疫苗。直到如今，美军中脑膜炎球菌相关疾病的发病率仍然很低——每10万人中每年仅有0.51例。每年约有18万名应召入伍者接种单剂的脑膜炎球菌多糖疫苗。

尽管该疫苗提供的防护并非十全十美，也不推荐一般人接种，但它对那些高风险人群是有效的，比如将要去西非旅行的人和免疫功能紊乱的人等。不仅如此，1999年免疫实践咨询委员会（ACIP）还建议各大学的医疗保健机构向学生提供预防脑膜炎的疫苗。该建议的依据是，研究表明大学新生感染这种疾病的风险相对较高。自1997年以来，许多大学要求新生接种脑膜炎球菌多糖疫苗，特别是住在宿舍的学生。

推动方案的实践还有许多其他的成功案例，包括由国际农业研究磋商组织（CGIAR）提供资金支持的，推动了"绿色革命"种子研发的研究。然而，推动机制也面临着一些严峻的现实问题。

一个值得警醒的故事：
美国国际开发署的疟疾疫苗计划

20世纪80年代，美国国际开发署（USAID）为研制疟疾疫苗投入了大量精力和数百万美元。最终该项目没能生产出一款疫苗，反而变成了一个戏剧性的案例，将推动方案所存在的潜在问题暴露了出来（德索维茨，1991）。

美国国际开发署最初资助了一个研究组，该小组开发出了一款候选疫苗。最终测试发现，九名志愿者中只有两人能免疫疟疾，而且结果表明该疫苗会产生严重的副作用。

然而，美国国际开发署在拿到这些结果后，却宣布"在针对人类最致命类型的疟疾的疫苗研发上取得了重大突破"。该机构声称，"未来五年内该疫苗将可以在全世界，尤其是发展中国家投入使用"（德索维茨，1991）。

那是在1984年。而直到今天，全世界仍在等待一款疟疾疫苗的出现。

第二支研发队伍的早期成果同样令人失望。即便如此，该队伍的首席研究员仍然坚称他的方法具有探索价值，并要求美国国际开发署追加238万美元的资金支持。被指派来评审该项目的外部专家们建议不资助该研究。然而，美国国际开发署的疟疾疫苗项目主任告诉采购办公室，说专家们"认同研究人员的科学方法、杰出的资质和经验"（德索维茨，1991）。拨款刚到位，这位首席研究员就将资金转入了他的个人账户。他后来因盗窃罪被起诉。

对第三个提案的独立评估表明，该提案既平庸又不现实。美国国际开发署的项目主任无视了这些结论，在他的安排下，该项目得到了充分的资金支持。该项目的首席研究员和他的行政助理，后来被控犯有盗窃罪和合谋将拨款转入个人账户的罪行。在这位首席研究员被捕前两个月，洛克菲勒基金会还向他提供了75万美元的研究补助金。而就在他被捕的那一天，美国国际开发署还宣布将为他额外提供165万美元的研究经费。

到1986年时，美国国际开发署在疟疾疫苗方面的花费已经超过了六千万美元，却没有什么拿得出手的成果。但这个悲惨的故事还没有结束。美国国际开发署认为，许多合适的候选疟疾疫苗很快就可以进行测试，于是该机构开始为疫苗试验进行后勤准备，包括找来猴子作为测试对象等。美国国际开发署疟疾疫苗项目主任詹姆斯·埃里克森为一个熟人安排了一份这样的合同，还从中拿了回扣。埃里克森最终承认了自己接受非法酬金、提交虚假报税表和做出虚假陈述的罪状（布朗，1990）。

美国国际开发署还安排了美国生物科学研究所（AIBS）对项目进行监督。事实证明，这项安排没什么效果，尤其是因为埃里克森和美国生物科学研究所指派的项目经理有婚外情（安德森，1989）。

这件事有可能造成的最大悲剧在于，美国国际开发署的疟疾丑闻可能影响了未来政府对热带疾病研究的拨款，导致一些好项目与坏项目一样被拒之门外。1994年，克林顿政府就宣布削减40%的热带疾病研究经费（希尔茨，

1994)。

推动方案下的动机问题

虽然美国国际开发署的疟疾丑闻是极端案例，但它暴露出了推动方案存在的一些普遍问题，这些问题使得相关研究无法充分实现潜在的巨大社会回报。由于推动方案是为研究投入而非为研究成果买单的，所以必须在产品实际开发出来之前就决定好在哪里投入资金。决定权掌握在当局者手中，而当局者又必须依靠决策中的既得利益者来提供信息。

依靠外部人员的可行性评估（而非货真价实的产品交付）来获得资金支持的研究者，有理由去夸大其方法的成功概率，一旦他们获得资金，有时甚至会在研发目标产品的过程中将资源转移出去。无论援助是以拨款、有针对性的研发退税还是政府投资[1]的形式提供的，类似的动机问题都会出现。这些政策干预措施中每一项都有其相关问题，这正是我们接下来要探讨的。然而我们需要记住，鉴于疫

1　政府对私人研发项目进行投资，以换取一定比例的利润份额或让对方承诺产品定价将低于市场利率。

苗研究的私人回报和社会收益之间存在着巨大的鸿沟，推动方案即使不能获得理论上其可能实现的全部潜在收益[1]，它通常也能获得大量正回报，这一点非常重要。

► **公共资助研究**

显然美国国际开发署的疟疾疫苗计划进展不顺利，但尽管如此，研究人员还是不断要求增加投资，行政人员也不断批准其申请。这一定程度上是因为研究人员会本能地积极看待自己的工作前景，同时也因为当权者希望维持和扩大他们手里的项目。

即使相关研究的管理者一开始能在众多科学方法中做出明智的选择，他们也可能在判断的过程中滋生出官僚利益，从而无法根据后续的证据来修正自己的判断。如果一项最初看来很有前景的研究项目结果令人大失所望，那么一家私人企业会在结果到达其底线后终止该项目。而公共项目则更有可能受到自身官僚主义因素的驱使，导致政府把钱都花在了烂项目上。

挑选研究项目需要考虑的问题，不仅仅停留在决定哪

1　即不存在我们详细探讨过的那些低效率情形时。

些研究途径最有前景这个层面上，还需决定哪些疾病和产品将成为研发目标。在通过拨款资助研究的机制里，特定疾病的呼吁者以及研究这些疾病的科学家们，倾向于把对该疾病的研究描绘得更有前景。因此，当选官员和公众会发现，很难对疟疾、结核病和艾滋病病毒 / 艾滋病的疫苗与药物研究进行科学机会评估。对于成功前景很小的提议，决策者可能会打消资助的念头——情况或许还会更糟：他们由于怀疑相关研究的支持者的客观性，因而没有为原本有希望的研究提供资金。相比之下，在拉动机制中，开发人员只有在生产出所需产品之后才能获得奖励。因此，考虑进行研究投资的企业有强烈的动机去实事求是地评估相关研究的成功前景。

美国国际开发署的疟疾推动计划还有一个问题是研究人员挪用了资金，尽管这方面的犯罪活动不太常见。一个与此类似但较为轻微的问题普遍存在于与研究补助金相关的援助之中：研究人员常常会偏离任务，要么把精力放在申请下一次补助金上，要么专心研究能促进其职业发展的无关项目。

最后，当政府预先对研究资金进行分配时，他们的决策依据可能更倾向于政治考虑而非科学考量。例如有些特定的州或选区在使用资金时会面临压力。由多国支持的疟疾、结核病和艾滋病病毒/艾滋病研究也有类似的问题，即向特定国家分配研究费用时面临政治压力。相比之下，拉动方案中的资助者承诺为一种可行的疫苗买单，无论开发者是谁或开发地在哪里都没有关系。

公共资助的推动计划所存在的问题，显然不止于美国国际开发署疟疾疫苗项目所暴露的那些，还包括政府在商业研发中挑选优胜者时的问题。历史上尽管有一些在大量公共投资下获得成功的著名案例，如20世纪60年代出现的通信卫星技术（见科恩和诺尔，1981），但失败案例也比比皆是，从超音速客机、核增殖反应堆到20世纪70年代的油页岩项目等。调查表明，虽然平均而言，政府和私人研发都有着很高的正回报，但相比之下私人研发的回报率要高得多（纳迪里，1993；纳迪里和马姆尼斯，1994；伯恩斯坦和纳迪里，1988、1991）。

▶ **私人研究中的政府股权投资**

政府直接投资研究的一个变体，是政府向进行目标研究的私人企业投资。这么做的目的，是将市场规律引入研究过程之中，从而解决一些与政府直接投资相关的积极性问题。然而，公共部门在产品开发方面的股权投资，遇到了与拨款资助相同的根本问题。事实上，企业夸大其研究成功机会的动机在某种程度上更加强烈了。那些自认已经确定了盈利项目的公司最不愿意寻求公共部门投资，因为这将稀释股东的股权。相反，最缺乏信心的公司往往最倾向于用政府股权基金来对冲风险。公共股权投资和政府直接投资研究一样，也有可能受到政治影响。

▶　**有针对性的研发税收减免**

已有人提议针对疟疾、结核病和艾滋病病毒的药物和疫苗研究，实行研发税收减免。例如，美国的《2001年新千年法案》疫苗提案就提出对艾滋病病毒、结核病和疟疾疫苗的企业研发支出提供30%的税收抵免。这类税收减免政策很可能会增加研发开支，至少在边际情况下如此。但是由于税收减免政策奖励的是研究投入而非研究成果，所以它会面临许多与其他推动项目相同的问题。

第一，研发税收抵免不会提高产品研发成功后的普及率。获得税收减免的企业所开发出的疟疾或艾滋病病毒疫苗，其专利权在常规的市场独占期内还是归该企业所有。此外在尊重知识产权的前提下，疫苗价格可能会非常高，以至于贫穷国家绝大多数居民在专利有效期内都无法从该疫苗中受益。

第二，研发税收抵免政策可能难以激励业界去开发适合低收入国家的产品，因为相比之下富裕国家市场更有利可图。大部分艾滋病病毒感染的新案例发生在非洲，且主要为 C 亚型病毒。然而，商业疫苗的开发多集中在欧美常见的 B 亚型病毒上。目前尚不清楚针对 B 亚型病毒研发出的有效疫苗是否也对 C 亚型病毒有效。加强对艾滋病病毒疫苗研究的研发税收减免不会改变商业市场的重心。

疟疾研究领域也遭遇了类似的问题。针对旅行者和军事人员开发的疟疾疫苗，可能会重点针对疟疾的子孢子阶段，这是疟原虫最初从蚊子传播到人类宿主时的生命周期阶段。但是，针对子孢子的疟疾疫苗只能提供短期防护，因此它对疟疾流行的贫困地区的居民没有用处。事实上，对这些居民来说，该疫苗甚至可能有禁忌性，因为它会削弱那些童年时曾患病的幸存者们所发育出的有限的自然免疫力。

如果仅仅是把税收减免政策的范围限制在特定形式的研究上——例如 C 亚型艾滋病病毒研究，或针对后期裂殖子阶段的疟原虫的疟疾疫苗研究——并以此来尝试克服这些问题，结果可能会适得其反。比如说，针对一种艾滋病病毒亚型所研发的疫苗经过验证可能对其他亚型也有效，也可能对疟原虫子孢子阶段的研究有助于发明一种能够提供长效保护的疫苗。比起预先对科学议题下判断，在疾病负担最重的国家设置与疫苗功效相关的奖励将会更有效率。当然，疫苗的疗效只有在研发完成后才能进行评估，所以这表明通过拉动机制将奖励与最终产品挂钩是可取的。

将研发税收抵免的范围限制在研究的临床阶段，可能更容易有针对性地帮助那些需求最迫切的群体。但这么做起到的激励作用是有限的，因为研发中只有大约35%的资本化成本发生在药物开发的临床阶段（美国药物研究与制造商协会，2000b）。

第三，加强研发税收抵免的第三个问题是：为了最大限度地获取税收减免，企业可能会在账面上自由发挥。要确定哪些开支确实具备获得特定税收抵免的条件，这在行政层面是很复杂的。许多研究项目的疫苗研发开支可能都是共通的——但并非所有这些开支都能符合条件。[1]

1　举个例子，现代疫苗通常不仅包括针对某些特定有机体的抗原（比如诱发免疫反应的物质），还包括能增敏免疫反应、使更少量的疫苗生产出更多抗体的佐剂。企业完全可以把某种用于不合格疫苗的佐剂说成是为另一种符合税收减免条件的疫苗所设计的佐剂。

第四，即使税收抵免政策可以有效执行，它也只会对有纳税义务的企业起到激励作用。大多数生物技术公司没有当期利润或纳税义务，因此它们无法从中受益，除非允许它们将税收抵免优惠转移给投资者，而这本身就会有问题。[1]

▶ 推动方案的贡献

前面的讨论并不意味着推动方案是无效的。我们当前的疫苗研发水平与社会最优水平还相差甚远，因此哪怕包含一些低效环节，研发仍然是多多益善的。推动方案对于基础研究来说尤为重要，因为基础研究通常无法通过拉动方案来获得支持，这点我们之后会进行讨论。除此之外，社会上已经建立起了一个极为高效的、基于学术声誉和晋升的基础研究激励体系。在这一体系中，研究人员获得的奖励包括晋升和额外补助金，以及在竞争激烈的同行评审期刊上发表文章后来自同事的尊敬。这样的体系有许多优点：科学家可以自由地搜寻最有前景的线索，信息公开共

---

1 还有一种前景更好的税收激励手段，即将税收减免与有效疫苗的销售挂钩。克林顿政府曾提出过一个这样的计划。这是一项吸引计划，因为它奖励的是研究成果而不是研究投入，最好将其视为购买承诺的一个变体（见第 7 章）。

享，研究者们能够在他人已经完成的工作的基础上再接再厉。不过这个系统不太适用于研发的后期阶段，该阶段往往会涉及一些耗时但智力回报较少的工作。这类工作几乎没什么在顶级期刊上发表文章的机会，但对开发有效疫苗来说却至关重要。

在过去，除了大型制药企业之外，行业中其他的研究参与者相对较少，因此推动方案往往被视为唯一的选项。然而，随着生物技术产业的兴起、高风险初创企业获得风险投资难度的降低（尽管具有相当大的波动性）以及大型制药公司与高校及小企业合作意愿的增加，那些有希望开发出有较大市场需求的产品的研究人员想要吸引外部投资变得更加容易了。正如我们下一节将要讨论的，拉动方案可以创造这样的市场。

第 6 章

拉动方案的潜在作用

在本章中，我们认为拉动计划可以让研究人员和投资机构的动机保持一致，而且这类计划尤其适用于激励疫苗的后期研发。首先我们会发现，市场规模是创新的决定性因素。接着我们调查了一些案例，在这些案例中，具有拉动特征的项目对疫苗的成功研发起到了重要作用。接下来，我们回顾几个例子，在这些例子中，对于就特定问题设计出了解决方案的发明者，政府或其他捐助者承诺对其进行奖励。我们还在拉动方案的潜在作用及结构方面吸取了一些教训。

市场规模对创新的影响

施穆克勒（1966）在一项开创性的研究中提出，发明的数量取决于市场的规模，且研发投资与销售之间存在统计关联。格里利克斯（1957）在农业创新的相关研究中调查了农业技术的普及，发现技术变迁与预期的市场规模紧密相连。速水佑次郎和拉坦（1971）也对农业技术发展的动力进行了探究，他们的结论是：美国（相对于资本来说，美国的劳动力成本较高）的农业技术发展，历来以扩大规模、节省劳动力为导向，如轧棉机或联合收割机等。相反，在日本（与劳动力成本相比，日本的资本和土地价格都相对较高），投资都集中在劳动密集型或增产型（如改良种子）的技术发明上——这些技术不需要大规模运用就能奏效。

弗农和格拉博夫斯基（2000）研究了哪些因素会对制药公司研发支出总额的规模造成影响，他们发现了两个主要驱动力，其中一个就是企业的预期回报。斯科特·莫顿（1999）、雷芬和沃德（2002）发现，非专利药物的引进与目标市场的预期收入之间存在积极联系。

阿西莫格鲁和林恩（2003）通过研究与人口变迁有关的药品市场规模变化，分析了预期市场规模对新药引入和药物创新的影响。他们发现，某个药品类别的潜在市场规模如果增加1%，将使该类别的新药数量增加4%到6%。

财政激励计划的影响

许多例子强化了这种观点：旨在提高药品市场价值的

政策可以对研发起到激励作用。

▶ 孤儿药法案

1983年生效的美国《孤儿药法案》为制药公司研发治疗亨廷顿病、肌萎缩侧索硬化（卢伽雷氏病）和肌肉萎缩症等疾病的药物制定了一系列财政激励措施。受这些疾病影响的美国公民不到20万人，因此相关药品的市场有限。

为了促进孤儿药物的临床开发和测试，该法案为企业提供了大量补助金和税收抵免，但它最吸引制药公司的还是其为期7年的市场独占期的承诺（亨克尔，1999）。而且它看起来确实发挥了作用：1983年以来已经有200多种孤儿药研发成功，相比之下，在该法案通过之前的10年里，面市的孤儿药还不到10种。

▶ 儿童免疫实践和疫苗咨询委员会

1994年美国政府制定了儿童疫苗计划（VFC），向贫困儿童免费提供疫苗。免疫实践咨询委员会（ACIP）由美国卫生部挑选的专家组构成，负责向卫生部推荐国家应该配发的疫苗。在实践中，这些建议通常被用于制定免疫要求政策，而且还能决定儿童疫苗计划里将提供哪些疫苗。

因此，如果免疫实践咨询委员会推荐了一种疫苗，该疫苗的生产者就有了一个相当大的市场。疫苗价格通常是在免疫实践咨询委员会给出建议之后再进行商议的，所以一旦免疫实践咨询委员会发布了建议，疫苗生产商就会处于一个强势地位上，能让疫苗的美国售价接近其社会价值。换句话说，免疫实践咨询委员会体系的运作就像一个拉动方案。如果制药企业认为某款疫苗开发出来后能得到免疫实践咨询委员会的推荐，那么它就会非常愿意投资该疫苗的研发。所以也难怪免疫实践咨询委员会成立以来，业界针对美国市场的疫苗研发热情又重新高涨了。

一些试图提高免疫接种率的卫生政策，同时也增加了新疫苗的预期利润，芬克尔斯坦（2003）研究了民营领域对这些卫生政策的反应。在芬克尔斯坦的研究中，她检验了各项为提高特定疾病疫苗的接种率而颁布的公共卫生政策的实施情况，并针对受制于疫苗市场的长期潜在研发趋势的政策，仔细挑选了一批不受这些政策所影响的疾病，通过这些疾病疫苗的投资变化，估算出了特定疾病疫苗的投资变化。

例如，1993 年，联邦医疗保险开始涵盖没有共付额或自付额的流感疫苗接种。这大大扩张了流感疫苗的预期市

场。在该政策实施时，市面上最好的流感疫苗的有效率为
58%。芬克尔斯坦认为，1993 年的流感政策有助于促进相
关研发，从而使得自 1978 年以来的第一款新流感疫苗（在
2003 年）获得了通过，而且她还认为该政策推动了第一款
鼻喷流感疫苗 FluMist 的问世，该疫苗对健康成年人的有效
率达到了 85%（美国疾病控制与预防中心，2003）。实际
效益容易受到各种各样因素的影响，因此更难以预测，但
芬克尔斯坦指出，1993 年流感政策所带来的收益（尤其
是将更高的药效和新疫苗更广泛的运用结合了起来）或许
十分巨大，潜在的年均动态收益可能在 43 亿到 95 亿美元
之间。[1]

　　芬克尔斯坦估算的数字应当低于长期政策的实际效力，
原因有三：第一，如果这些政策变化是可预期的，那么企
业事先就会开始研究这些领域，她所依据的前后对比将低
估政策变化的影响力。第二，如果企业不认为芬克尔斯坦
考量的那些政策会无限期地延续下去，那么一项明确的永
久性政策的影响力可能比她估计的还要大。第三，企业可

1　需要说明的是，这种鼻喷流感疫苗的销量一直没有预期的高，这至少有一
部分是由制造商的高定价策略所造成的。如果价格最终能降下来，可能会实现
更大的健康收益。

能认为这些决策表明疫苗政策将会整体趋好，这样一来其他药品的创新"基准"本身就可能会受到芬克尔斯坦所审查的这些政策的影响。

尽管芬克尔斯坦发现扩大流感疫苗的市场规模具有一定积极影响，但她认为对于已经存在足量疫苗的疾病而言，研究激励对社会的作用没有那么大。在这些情况下，扩大市场规模只能让企业通过引进不优于现有产品的新疫苗来窃取现有企业的市场份额。

▶ **C群脑膜炎球菌疫苗**

据英国卫生部记录，C群脑膜炎球菌病例自1994年起显著增多，这是一种罕见且非常严重的细菌感染，可能引起脑膜炎以及败血症等疾病。研究人员已经证实，可以使用与乙型流感嗜血杆菌疫苗相同的技术来研发C群脑膜炎球菌共轭疫苗。卫生部意识到英国的C群脑膜炎球菌疫苗市场规模太小，会限制企业的研发意向。于是为了刺激商业活动，英国卫生部发起了一套将推动和拉动方案相结合的策略。

尽管没有提供法律保证，但卫生部许诺业界：政府将购买市面上所有的有效疫苗（托斯和凯特勒，2003）。于是新疫苗得以被开发出来，且从 1999 年年底开始，成为常规的儿童接种疫苗。该疾病在目标人群中的发病率下降了90%，而澳大利亚在全国范围内引进该疫苗之后，效果也十分惊人。

在这个案例中，公众对该疾病的高度关注和卫生部的良好记录给私人研发提供了充分的信心和激励。但如果疫苗研发需要多年才能取得成果，且政府的优先事项很容易变更，制造商是否愿意在没得到具有法律约束力的承诺的情况下投资研发尚不得而知。

通过拉动计划激励研发的案例

历史上承诺对特定产品给出特定回报的种种尝试，表明拉动方案可以成为一种刺激研发的高效工具。然而要想让它运作得当，我们必须精心地设计拉动方案，通过可信的承诺来奖励适当的产品，而不为投资者不合适的产品买单。

古希腊城市锡拉丘兹的国王希罗二世构建了最早的拉动方案之一。国王定制了一顶新的金王冠，并给出了极为精确的规格。但在交付时，国王怀疑他收到的王冠不是纯

金的——金匠私留了一些黄金，并用贱金属稀释了黄金的
比例以保证重量不变。为了弄清楚王冠是不是纯金的，国
王昭告天下，凡是能够确定王冠体积的人都将获得奖赏。
当时的人们尚不知道如何测量皇冠这种不规则形状物体的
体积。一天，当著名希腊数学家阿基米德跨进装满水的浴
缸里时，他意识到，从浴缸里溢出来的水的体积正是他没
入水中的身体的体积——这意味着他可以通过测量物体的
排水体积来轻松计算出该物体的体积。据说阿基米德兴奋
异常，他一边赤身裸体地跑过锡拉丘兹的街道，一边尖叫
着："Eureka！ Eureka！（我找到了！）"

18世纪，拿破仑和其政府宣布，任何能想办法为军队
在战场或海上储存粮食的人都将获得1.2万法郎（这在当时
是一大笔钱）。当时，拿破仑的军队中死于坏血病和营养不
良的人比死于实际战斗的人更多。经过15年的研究后，一
个年轻的巴黎人在1809年获得了这份奖赏。他的解决方案
是罐装存储——对食物进行半加工后，将其用软木塞紧紧
密封在瓶子里，再把瓶子浸入沸水中并充分加热容器（福
克曼，1999）。

通过设置奖励来解决数学问题的做法在历史上早有惯
例。沃尔夫凯勒奖就是其中一个例子，它成立于1908年，

旨在奖励第一个证明费马大定理——一个三百年未解的数学谜团——的人。起初这个奖项几乎没引起什么正统数学家的注意，因为他们认为这个问题很难解决，不过它确实吸引了一大批业余爱好者，尽管没有一人成功。最终在1997年时，普林斯顿大学教授安德鲁·怀尔斯成功地证明了费马大定理。当然，即使没有金钱奖励，数学家们也会研究许多问题，但我们有理由认为，至少在一定程度上年轻的数学家会将重点放在设有奖励的问题上，且设置奖项会提高这些问题的知名度和声望。2000年，克雷数学研究所设定了七个"千年大奖问题"，解决其中任意一个问题都能获得100万美元的奖金。

1919年，纽约的一位旅馆老板为了推动航空事业的发展，设立了一份2.5万美元的奖金，提供给第一个从巴黎飞越大西洋并直达纽约（或反向飞行）的人。无数飞行员进行尝试但都未成功，许多人认为这一壮举是不可能实现的。然而一名25岁的年轻飞行员证明了事实并非如此。查尔斯·林德伯格知道，要进行长时间的飞行需要扩大油箱、加长机翼并调整座椅位置，于是他设计并监造了"圣路易斯精神号"飞机。当然，这个成功的设计让他得以在1927年独自完成了那场著名的跨大西洋首飞。当林德伯格在巴黎着陆时，他被数十万高喊着"林德伯格万岁！"的群众所包围，而他的创举也激发了公众对航空的兴趣，推动了现代航空业向前发展（西蒙斯，2003）。

做出既能奖励适当的创新，同时又无需出资者为不切实际的产品买单的可信保证十分重要，有两个例子可以很好地说明这一点：英国政府为找到确定经度的方法而设立奖金的经验和美国的一个冰箱大奖项目。

1707年，一支五艘船的船队从直布罗陀返回英国时，船上的英国航海家们算错了经度，在距英国海岸约32公里处的锡利群岛上搁浅。其中四艘船在几分钟内就沉没了，造成2 000多人丧生。这场悲剧只是那个时代发生的许多可怕事故中的一例，其原因在于水手无法在海上确定其所在经度。为了解决这一"经度问题"，英国政府设立了一笔两万英镑的奖金，来找出一种确定半度以内经度的方法。经度委员会本希望天文学家和数学家们能通过观测天体的位置和运动来研究出一个解决方案。实际上，解决办法是由一个不起眼的钟表匠想出来的，他发明出了一个足够精确的计时器，即使在颠簸的船上也能确定出发港的时间。通过比较出发港的时间和当地时间（在天气好的情况下，通过观察太阳可以很轻松地确定当地时间）就能确定经度。

尽管经过了长时间的测试才证明了航行表的有效性，但发明者最终得到了奖励。1995 年，索贝尔在其关于这一主题的科普著作中指出，因测试而延迟的这段时间是没必要的，但也有人认为委员会要求进行这些测试是合乎情理的，因为在实际状况下，计时器如果不能在潮湿和不断晃动的船舶上工作就起不到任何作用了。

我们从航行表的研发过程中吸取了几点经验：第一，旨在激发创新的竞争应该明确奖励解决方案而非方法论。计时器的解决方案不符合奖项设置者的预想。如果英国依靠经度委员会来实行推动计划，他们可能只会资助天文学家。第二，应该事先把相关要求和对候选方案的评判流程说清楚。

美国的超级节能冰箱计划（SERP）则说明了精心制定具体要求以及纳入市场测试的重要性。1992 年，24 家美国电力公司共同出资 3 000 万美元，以奖励第一家能开发出符合一定技术规格的节能冰箱的制造商。该项目吸引了来自 14 家制造商的 500 多个参赛产品。获胜者主要是基于对技术能耗的考量来选择的。但大部分奖金却是根据市场测试结果来发放的，获奖者每售出一台产品就能赢得固定数额的奖金。工程师们在寻找节能方法方面都别出心裁，最终该奖被颁给了一个节约了近40%能耗的冰箱型号。然而，获奖产品的单价在1 400美元左右（索佐和纳达尔，1996），且使用了在当时较为少见、据说历来不太受消费者欢迎的双开门设计（格罗斯克洛斯，2002；桑达尔等，1996）。消费者不愿意买这款新冰箱，因此该产品最终停止了生产。

在冰箱大奖这个案例中，主办方针对能耗给出了极为具体的技术标准，在集中关注产品的单一属性的同时却牺牲了消费者所看重的其他属性，如价格和设计等。这个例子说明，为了避免把钱花在一个没人使用的产品上，将市场测试纳入拉动计划是非常重要的。好在超级节能冰箱计划的部分奖金的确是和产品的销售挂钩的，因此出资商并未把所有钱都付给一款购买率极低的产品。这么做避免了赞助商的资金被浪费，但由于过分强调能耗这个单一标准，该项目最终无法发挥其潜力，引导业界开发出一款被广泛使用的新冰箱。当然，比起冰箱，给疫苗设定技术要求要简单得多。冰箱的市场吸引力受许多无法提前规定的因素影响（如款式等），与冰箱不同的是，疫苗通常是由政府购买，而政府能通过既定的监管程序、根据产品的功效和副作用来做出关键性的购买决策。

拉动方案的优点和局限性

拉动方案的一个核心优势在于，只有当疫苗被成功开发出来时，资金才会易手。投资者不必担心他们投资了数百万美元的项目最终会失败。事实上，即使对产品的可行性出现了科学意见上的分歧，也不影响承诺继续推进。由研究相关问题的个人科学家和企业来判断产品的科学前景再合适不过了。如果他们认为其科学前景值得一试，他们可以投入时间和资源来研究项目；如果没有，他们可以把时间和精力投到其他地方。拉动项目能有效地协调各方动力：政府和其他赞助者负责阐明问题，而私人开发商则在竞争中寻找最佳解决方案。

因此，拉动方案在疟疾疫苗这类案例中可以发挥出作用，因为业界对其开发前景的看法较为多元。只有在对产品研发成功的科学前景有合理信心时，出资者才会为研究提供直接的推动力支持。而在拉动计划中，出资者只有在产品被研发出来的情况下才会付钱，所以即使科学前景不太明朗，他们也可以做出承诺。这样一来，那些认为研制疟疾疫苗具有技术可行性的企业就可以自由地进行研究，因为他们知道只要他们研发出成功的产品就会有市场。

精心设计的拉动方案可以在一定程度上解决部分疾病的游说群体比其他疾病更强的问题。艾滋病病毒得到了大量的政治关注和支持，相比之下疟疾和结核病得到的关注则低得多，而血吸虫病等疾病甚至都没有进入许多个人和组织的视线。拉动计划有助于解决游说团体夸大研究前景或特定疾病严重性的问题，因为它们让每一项潜在发明的社会价值趋于透明，将这一问题与技术机会问题分离开来。

拉动计划会鼓励生物技术和制药企业把资源投到最有科学前景的疫苗研发之中，由此挑选出前景最好的项目。拉动计划还鼓励研究人员专注于开发适销产品。许多学术界和政府的研究人员出于对职业目标的追求和对知识的兴趣而投身基础科学研究。然而在产品研发的后期、更偏向于应用的阶段中，并没有特别具有知识趣味的工作内容，需要的是训练有素的科学家们投入大量的时间和精力：必须开发出相应的技术来制造足量的、纯度足以用于临床试验的候选疫苗；必须建立相关疾病的动物模型，并必须进行产品试验。研究者们不大可能凭借这些疫苗研发过程中的重要步骤而获得诺贝尔奖。但是由于拉动计划将付款与成果挂钩，因此，这可以为研究人员提供强劲的动力，使他们能集中精力研发适合商业化的技术。

　　拉动计划可以利用民营领域在为高收入国家开发产品时所展示出的同等精力和创造力来为低收入国家开发产品。这种方式开放而透明，很难从中攫取特殊利益。民营领域的研发是通过以市场为导向的方法来发现有价值的产品的，对其进行捐助既能奖励成功研发的产品，又无需对研究进程进行微观管理。

　　然而，拉动计划的确存在许多局限性，尤其是它们必须事先指定其想要的研究成果，要想给出准确的规格和资质要求可能会很困难。诸如报事贴或计算机图形用户界面之类的产品是不可能通过拉动方案发明出来的，因为在发明出来之前没人知道它们应该是什么样子。同理，我们往往很难通过拉动计划来发展基础研究，因为我们难以事先明确基础研究的成果。不过，界定一款安全有效的疫苗要来得更加容易，因为美国食品药品监督管理局等现有机构已经在承担相关测定工作。然而即使是对于疫苗来说，确定其合格标准也远非一桩小事，这一点我们将在后面的章节中了解到。

　　拉动方案的好处之一（即出资者在疫苗开发出来之前都无需付款）也是其潜在的局限性之一，因为如果没有足够的保证，开发者会由于担心赞助者出尔反尔从而放弃必要的研究。可以通过设计具有足够可信度的承诺来克服这一局限性。例如，可以与可靠的赞助者签订具有法律约束力的合同（见第12章），或者确保负责裁定产品技术规格是否达标的委员会中包含开发者所信任的成员（见第8章）等，以此解决承诺可信度的问题。

还有一个问题，那就是吸引计划可能会导致研究活动出现重复。当然，在寻找重要问题的解决方案时，同时探索多条不同的线索往往是合情合理的。例如，曼哈顿计划的组织者希望尽快制造出原子弹。他们跟进了几条研究路线——最终得到了一枚钚弹（绰号"胖子"）和一枚铀弹（绰号"小男孩"）。

哪怕一个任务看起来很机械化且目标明确，让多个团队相互竞争、按各自的想法研究执行方案也是有好处的。比如说，按照最初的构思，人类基因密码测序是一项会持续15年的公共项目，有数千名研究人员参与，耗资将达到30亿美元左右。但当时间线过半时，却只有4%的人类基因组完成了测序。美国国立卫生研究院的一位前神经科学研究员想出了一种计算机方法，能比当时所用的方法成本更低、执行速度更快。政府不愿采用他的方法，于是他转向了民营领域，并草拟了一份成本仅为原计划的十分之一、耗时仅为原计划八分之一的方案。私营部门的加入使得竞争更加激烈，为了抢在私人企业之前完成项目，公共项目的领导者加快了步伐并调整了研究计划的方向。私营部门的潜在获利机会所产生的这种拉动力不仅没有造成不必要的重复，还促使研究过程变得更加迅速、成本更低、效率更高，且更愿意接受新想法。

尽管如此，理论上还是存在由拉动力导致的过度重复研究的案例。为了说明这一点，我们假设有两种前景较好的方法来开发某款疫苗。假设其中一个方案有60%的成功几率，另一个有25%的成功几率。如果我们假设探索每条线索都是一个完全机械的过程，也就是说在单个方案内部进行竞争是没有益处的，那么较有效率的做法是让一个团队探索有60%成功率的方案，而另一个团队尝试成功率为25%的方案。理论上，在推动计划中，一个研究团队可以集中地对每个方案都进行研究。

然而，在一个由专利或其他拉动力所驱动的分散体系中，可能存在低效的重复情况。两支队伍可能都会去探索有60%成功率的方法，且都认为自己有30%的机会在竞争中获胜。在这个案例中，如果每个团队都能专注于不同的研究线路，那么从整个社会的层面来看，成功几率本可以更大一些。

正如前面所讨论的，目前尚不清楚在实践中重复研发是否真的会构成一个问题。实际上，比起分头研究不同的方案，两个团队都去探索最有希望的线索更有可能发生。但是如果拉动计划的决策者确信有些有希望的方法被忽略了，他们可以通过将推动和拉动机制相结合的方法来解决这个问题。

例如，如果一项拉动计划的规模足以支持更有前景的研究方法，那么也可以向研究人员提供适当的鼓励金来引导他们研究替代方案，再加上拉动奖励的刺激，将使项目更具吸引力。

这表明在某些情况下，推和拉可以成为研发鼓励制度中互为补充的部分。尽管为高收入国家所需药品制定的推动和拉动激励措施已经到位了，但对于主要影响低收入国家的疾病，全世界仍然缺乏一个拉动机制。第7章考量了几种可能的选项。

第 7 章

拉动方案：一份选项单

对成功的药物和疫苗研究给予奖励的拉动计划存在多种多样的形式。其中包括承诺购买全部或部分产品、进行专利收购、扩展其他产品的专利权，乃至组织最优研究竞赛，竞赛需要在固定日期评判工作质量并奖励最接近目标的参赛者。政府也可以通过高价购买更多现有疫苗的方式来释放信号，以示为尚未开发出来的疫苗买单的意愿。

鉴于研究带来的私人回报和社会回报之间存在着巨大差异，任何愿意补偿疫苗和药物开发者的项目都可以改善现状。不过在我们看来，购买部分或全部产品的承诺是最具吸引力的。

购买产品及专利的承诺

有两种方法与之密切相关：（1）预先承诺出资购买全部或部分产品；（2）承诺购买基本专利权。

赞助商可以承诺一个购买价格，比如说为前2亿接种疟疾疫苗的人每人支付 15 美元。又或者，它可以简单地提出支付这部分款项的现值减去其制造成本，以此换取疫苗的专利权。这样一来，赞助商可以将专利放入公有领域，并鼓励生产商竞相生产该疫苗。这两种机制都能把奖励与所需产品的研发关联起来，并能在产品开发出来后提高其普及率。[1]

然而，这两种方法在实践中存在着很多差异。专利收购会让新开发商品的生产商之间进行自由竞争，而计划出资购买产品的项目则要求出资者对其购买的产品做出详细说明。在很多情况下，这意味着专利收购比购买承诺具有更大的优势。例如，如果出资方承诺将购买高清电视机，以此来鼓励该领域的研究，那么它将不得不参与有关颜色、款式、可靠性、屏幕大小等问题的决策，而这些问题最好能留给消费者来决定。不过在疫苗这个案例中，政府已经在购买疫苗并监管其质量了，因此它们实际上就是消费者。

1　克雷默（1998）讨论了通过拍卖确定专利价值并收购专利的可能性。我们可以把这看作一种确定适当的现金奖励以代替专利的方法。这种方法的一个优点是它甚至适用于报事贴这类无法提前定义的发明。然而，该文章中描述的拍卖程序可能容易出现串通的情况。对于疫苗这类更容易预判且效力相对容易评估的产品，则没有必要进行此类拍卖。

这有助于减少承诺购买产品所带来的问题，不仅如此，通过要求进行某种市场测试（如本章讨论的共付额要求）还可以进一步减轻这个问题。

此外，在疫苗的案例中，出资购买实际产品具有极大的优势。

首先，由于疫苗很难生产，专利收购可能会使开发商拥有实际的垄断地位。这样一来，公众实际上需要付两笔钱：一笔花在专利上，另一笔花在价格远高于制造成本的产品上。

其次，产品购买承诺会把付款和产品质量二者更紧密地联系在一起。假设某种疫苗得到了监管部门的批准，但后来被发现存在有害副作用——正好与惠氏药厂轮状病毒疫苗的情况一样，该疫苗被证实在少数情况下会引起肠套叠（一种肠阻塞），随后退出了美国市场。如果该疫苗的专利在监管部门批准当天被买断的话，可能需要一场不经济的法律斗争才能收回这笔钱。但对于疫苗采购来说，一旦有证据显示疫苗存在不能接受的副作用，很容易就能暂停购买。

再次，购买承诺可能比专利收购更具政治吸引力，因而对产品开发商来说也更为可信。开发商很容易受到征用的影响，即便补偿方案明确规定出资方有法律义务对达标产品进行补偿。比如说，一家刚刚靠疟疾疫苗获得暴利的制药公司，其旗下的另一款无关产品可能会遭受严格的价格管制。这说明设计出一种最大限度降低公众不满情绪的补偿方案是很重要的。而按每个接种者15美元的价格购买疟疾疫苗，可能比给一家制药公司颁发数十亿美元的奖金更具政治吸引力。

延长其他药品专利权期限来补偿疫苗研发

已故的世界卫生组织艾滋病全球项目创始主任乔纳森·曼恩曾提议，可以通过为另一种药物延长10年的专利权期限来补偿艾滋病病毒疫苗的研发者。一些成功的药品年销售额已高达36亿美元（美国有线电视新闻网金融频道，1998），在这样的环境下，延长专利权期限的价值极高。不仅如此，延长专利权期限对一些政客而言也很有吸引力，因为它们不会作为开支被列入政府预算之中，也不必经受政府预算的严格审批。

但是这个方案也存在一些缺点。延长专利权期限可能会将疫苗和药物研发的投资负担，不成比例地转嫁给需要这种专利期被延长的药物的患者，这么做既不公平又很低效。

假设为了补偿某种艾滋病病毒疫苗的研发，当局同意延长立普妥（一种热销的抗胆固醇药物）的专利权期限。从经济层面而言，这相当于对立普妥征收了一项高额税，并利用所得收入为疫苗开发商提供现金补偿。对较窄的类目征收高额税，其增收效率是极低的，因为这么做会使被征税商品的消费量下降至边际价值低于生产成本的水平。[1]在这个案例中，延长立普妥的专利权期限会导致一些心脏病患者得不到应有的治疗。比如说，健康维护组织可能会向医生施压，让他们在立普妥价格居高不下的情况下少给病人开这种药。

不仅如此，两种产品之间的权力让渡还消除了专利的一个核心优势。要知道，专利将对开发者的补偿与研发产

1　如果由政府和健康维护组织进行药品采购，则专利权可能相当于广泛征税。（感谢麦克尔·罗斯查尔德贡献了这一观点。）然而如果健康维护组织和政府的治疗决策随药品价格而波动，那么专利可能还是会使市场分配发生扭曲。与健康维护组织相比，政府这么做的可能性较小，因此对于有着中央集权式卫生系统的国家而言，专利权延期更具吸引力。尽管如此，即便是在英国国家医疗服务体系中（举个例子），决策者也要面对内部价格问题。因此，特定药品的价格上涨将导致这些药品的销量减少。

品的价值紧密地联系了起来。如果某种产品效果更好，副作用更少，更方便配发，那么它就能赚更多钱。相比之下，通过延长立普妥的专利权期限来奖励艾滋病病毒疫苗的研发者，将会切断艾滋病病毒疫苗质量与补偿力度之间的这种联系。

　　用延长无关药品的专利权期限来补偿产品开发者的做法还有一个缺点，那就是对于已经拥有极具商业价值的药品专利的企业来说，专利延期是能带来最大利益的，但这些公司不见得是最有希望研发出新疫苗的公司。允许专利延期权交易也不能完全解决这个问题，因为持有具商业价值的药品专利的公司会坚持从这类交易中牟利。因此，将可让渡的专利延期权奖励给疫苗开发商，虽然能改善现状，但这仍不是一个理想的解决方案。

最优作品竞赛

　　在最优作品研究竞赛中，无论是否实现了研发出有用产品的目标，出资者都承诺到达某一特定日期时，对研究最深入的参与者给予奖励。[1]许多大型建筑项目常常用最优

1　参见泰勒（1995）对竞赛的讨论。

作品竞赛的方式来选择建筑师。然而，疫苗竞赛不同于建筑项目竞赛，因为建筑师通常可以在最后期限前完成并提交设计作品，但疫苗研发人员不能保证在给定的日期内完成一定的研究。

最优作品竞赛还存在其他的局限性，使得它不适用于鼓励疫苗和药物研究。其中的一个主要缺点在于无论研究取得了多少进展，钱都必须照付。即使事实证明不可能研发出目标产品，出资方还是要付同样数额的钱。因此，最优作品竞赛可能无法让研发力量集中到那些有着最佳科学成功前景的疾病上。对于那些意在攻克某一特定疾病的人来说，即使成功的几率很小，他们往往也倾向于支持设立研究该疾病的最优作品竞赛。

另一方面，在一个购买计划中，在开发出所需产品之前不会动用公共资金。如果投资者中途意识到不可能开发出其想要的产品，他们不会选择将钱投入其中。这一点对于耗时较长且成功概率极不确定的发展计划来说尤为关键。

最优作品竞赛的另一个问题是，评估进展时的主观因素可能会使决策带有倾向性。例如，裁判可能会将奖励颁给政治影响力最大的公司，或者是在其他项目上作出最大科学贡献的团队。疫苗购买计划的购买决策委员会也可能会受到偏见的影响，但在检验一个已完成的项目时回旋的余地较小。由此我们得出结论，最优作品竞赛中的奖励决策，事实上将更容易受到诉讼或政治游说的影响。

还需要注意的是，最优作品竞赛可能会驱使研究人员之间相互串通。如果只有几家制药企业来完成大量的工作，这些企业就可以串通起来一起降低投入，因为无论能否开发出产品最终都会获得回报。

最优作品竞赛还可能导致研究人员在比赛完成日期上苦心钻营，而不是把工夫花在尽快取得研究成果上。对于一些前景可观，但不大可能在比赛截止时间之前取得实实在在成果的研究线索，企业可能会无视掉；而一些明知道自己的探索方向不可能研发出成功产品的企业却仍会继续其工作，试图以此来掩盖它们毫无进展的事实。

最后，最优作品竞赛还缺乏政治吸引力。为不能研发出有效疫苗的研究支付巨额费用会让政府陷入尴尬的境地。

扩大现有疫苗及药物市场

一些观察家认为，决策者可以高价购买更多市面上现有的产品，以此表明他们愿意为未来的新产品提供市场，从而鼓励业界对其想要的技术进行研究。决策者的确有充分的理由来加大现有疫苗的购买量，但这种购买行为并不是推动新疫苗上市的有效手段。

　　虽然标准的扩大免疫规划疫苗包得到了广泛普及，但市面上仍有一些有效疫苗没有得到充分利用。[1]购买和分发在低收入国家尚未普及的现有疫苗（如乙型流感嗜血杆菌疫苗）是一种经济有效的救人方法，而且其本身是合理的，不受任何研究动机的影响。

　　然而要想促进新产品的研究，需要更具体的激励措施。疟疾、结核病或艾滋病病毒的疫苗研发动辄花费十来年的时间，因此研发者需要在疫苗推出后的多年之内通过销售来收回投资。由于国际社会对穷国卫生状况的关注度时高时低，企业很可能会觉得，投资者现在愿意花多少钱来购买疫苗（以高于成本的价格）并不能说明15年后他们愿意为疫苗出多少钱。因此要想促进研究，还是需要对疫苗购

1　比如乙肝疫苗的使用率就偏低。针对疟疾或其他主要疾病的有效疫苗的使用范围可能比乙肝疫苗要大得多，因为相对于艾滋病、结核病或疟疾而言，乙肝的疾病负担较小。此外，幼儿在感染疟疾后以及症状发作时容易在短时间内死亡，而乙肝感染者可能几十年都没有症状，因此一些人可能并不了解，许多中老年原发性肝癌的死亡案例的元凶正是乙肝。

买做出具有法律约束力的承诺。

此外，用更高的价格收购现有产品并以此刺激未来研究的做法，相当于为研究又出了一笔钱。乙型流感嗜血杆菌疫苗是基于富裕国家的需求研发出来的，开发商并未指望能在贫穷国家挣大钱。提高现有疫苗的采购价格会给开发商带来一笔意外之财。如果说这么做确实是确保捐助者信誉的唯一途径，那么多给开发商一些额外利润或许是值得的。然而，如果当下能够承诺开发商会以可盈利价格购买未来产品，那么就没有必要支付高于开发者冒险创新时预期的价格来购买其现有产品。

最后，有些人认为加大当前市场的疫苗销售量可以提高疫苗的研发预算，因为制药公司是根据各部门占当前销量的百分比来投资研究的。尽管有些制药商能在现有的研发系统内利用这类经验法则做出预算决策，但如果环境发生变化，他们显然会调整这些规则。具体而言，做出明确可信的承诺来保证未来会购买疫苗，可以引导企业对这些产品的研发投入更多资金。如果它们不加大投入的话，面对不断扩大的市场规模，那些在预算决策上更加灵活的生物技术公司就会积极进入这一领域。

对于尚未得到充分利用的现有疫苗和预计会在短期内

面世的疫苗（如轮状病毒）来说，建立长期合同都有益处。目前，大多数中低收入国家的疫苗，都是以短期合同的形式出售给联合国儿童基金会和泛美卫生组织等买家的。其带来的不确定性可能会导致疫苗出现供应短缺或使用率低的情况。此外，就像我们之前所讨论的，对于受专利保护的疫苗，生产商会以大大高于其成本的价格进行销售，这就限制了一些国家通过联合国儿童基金会或泛美卫生组织下订单。这些问题可以通过长期合同来解决。在长期合同中，捐助方将同意为，比如说，头一亿接种新疫苗（如轮状病毒疫苗等）的人支付相对较高的价格，作为交换，生产商需承诺会以略高于生产成本的价格额外向低收入国家供应疫苗。只要公司得到了充分的通知，它就有义务按照合同满足相关需求。

如果低收入国家得知能从可靠的渠道以较低的价格获取疫苗，它们就更有可能将这些疫苗列入国家免疫规划。与现有的短期合同制度相比，这类长期合同既能更好地服务疫苗制造商，又能造福公共卫生。将这些合同奖励给第一批生产某种好疫苗的公司还能进一步激励创新研究，因为从事这类研究的企业不必担心被"山寨"产品抢走市场。

第 8 章

判 断 资 质

我们已经在前文指出，对于主要影响贫穷国家的疟疾、结核病和艾滋病病毒等疾病，疫苗的研发迫在眉睫，而疫苗承诺被证明是一种非常有效的研发激励方式。在接下来的章节中，我们将要讨论如何去构建这样一个承诺——如何判断资质、如何定价、如何进行付款，以及如何调整相关承诺以满足各类不同出资者的需求。

　　在本章中，我们将探讨资质问题。我们认为，判断一款疫苗是否有资格获得疫苗承诺，应当参照以下标准：（1）具备安全性、有效性和便于递送等技术资质要求；（2）对疫苗在各国是否有效进行市场测试;（3）包含一项条款：规定如果项目因持续的技术变革或耗时太久而过时，则承诺可能失效。

基本技术要求

　　技术要求应包括：

- **安全性**。主要由权威的国家监管部门决定，如美国食品药品监督管理局等。

- **有效性**。疫苗承诺需要明确指出，在接种该疫苗的人群中相关疾病的发病率须下降多少。或许还有必要明确规定，特定地域和特定年龄段人群的患病率必须下降。此外还必须明确规定疫苗应提供的保护期限。

- **可用性**。疫苗在低收入国家所发挥的效用要取决于规定的疫苗剂量数、疗程不完整时疫苗的效力以及规定的疫苗接种年龄。如果该疫苗需要分多剂量接种，那么能接受全套接种流程的儿童可能就会减少。如果该疫苗可以与其他已被广泛使用的疫苗一起使用，那么递送疫苗就会简单得多。

要证明一款疫苗的安全性和有效性，第一步就是获得权威监管机构（如美国食品药品监督管理局或其欧洲对应机构——欧洲药品评价局）的监管许可。然而，由于疫苗可能在一些国家的风险效益评估中获得通过，但在其他国家没有，因此监管审批程序不应仅限于美国食品药品监督管理局或欧洲药品评价局。比如说，一款具有罕见副作用的结核病疫苗可能不适合在美国等结核病流行率较低的国家普遍使用，但在高患病率地区它却可以挽救数百万人的生命。应该允许疫苗开发商在其他国家获取其他监管机构的批准。

　　除了监管审批外，还需要其他的技术标准，因为获得了监管许可的疫苗未必适合低收入国家进行大规模购买。例如，美国食品药品监督管理局可能会批准一款能提供短期防护，但会干扰人体自然免疫的疟疾疫苗进入市场，因为它能有效保护前往疟疾流行地区的美国公民——他们在此之前不可能有机会建立起这种免疫。然而对于长期生活在疟疾流行地区的居民来说，这款疫苗就不适用了。

　　因此在判定一款疫苗是否具备资质之前，应该要求疫苗开发商说明疫苗的最短防护期限。合同还可以明确指出，开发商后续要想保持资质，需要证明疫苗在更长时间内仍有效力。

　　同一款疫苗对同种疾病下的不同类型的功效可能有好有坏，因而更适用于某些地域或某些年龄段的人群。所以购买承诺可以包含这样一项规定：只有证明了某产品对在特定人群中流行的疾病类型有效，才能为特定人群购买该产品。为此，合同需要明确规定开发者应在不同地区对不同疾病类型进行研究。根据疾病的不同，可能还有必要说清楚产品疗效是针对一般临床疾病还是严重疾病形式来衡量的。

还要注意的是，必须对证明产品功效所需的证据进行详细阐述。这可能包括在确定疫苗防护期限时对产品跟进了多长时间，以及在疫苗引进后的持续监测程序有哪些，等等。

还应该对疫苗在低收入国家的适用性等相关规范作出技术要求。例如，需要多剂量接种才能生效的疫苗可能需要特别豁免才能获得资格。同样，承诺也可以规定疫苗需能接受与现有疫苗（比如说扩大免疫规划中的疫苗）一样的存储条件。

对疫苗资质的技术要求必须足够严格才能生产出有效的疫苗，但同时又必须足够灵活才能激励有成功前景的研究。过度严苛的规范要求会打击制药企业探究线索的积极性。打个比方，要求一款疫苗对同种疾病下的不同类型的有效率都达到90%是错误的，因为这将阻止开发商研发一种可以对大多数疾病类型产生99%的防护，但对剩余类型只有85%防护作用的候选疫苗。相反，技术要求的灵活性过高会导致生产出的疫苗不可用。

独立裁决委员会

独立裁决委员会需要判断参选者是否满足相关的资质

条件。委员会应：（1）有一定的自由裁量权，可以免除除监管许可以外的技术要求；（2）监测所购产品以确保其后续的安全性和有效性；（3）在发现疫苗的安全性或有效性低于初始预期时，有权中止疫苗购买行为。委员会还应裁定第二代疫苗是否优于初代疫苗（见第10章）。设立一个不受承诺出资者和其他政治压力影响、可以为潜在开发商所信任的委员会十分关键，这么做可以为潜在投资者提供足够的信心，使他们确信承诺不会被违背（见第10章）。

　　为了确保有效疫苗不被拒之门外，独立裁决委员会可以酌情对一些看起来可取但不符合所有技术标准的疫苗免除相关技术要求。但另一方面，裁决委员会无权在筛选合格疫苗时增设新门槛。否则委员会可能会滥用其酌处权，在制药公司投入研发资金后再抬高合格标准。如果为了确保所购疫苗的后续安全性和有效性，需要对获得许可后的疫苗进行临床试验，那么疫苗承诺合同应该对委员会的监督权和义务做出明确规定。

　　在构建裁决委员会时，应使其免受政治压力干扰，同时让开发商们相信规则将得到公正的阐释。必须设计出一些方法来向制药公司的高层保证，裁判们不会滥用其自由裁量权来降低后期的研究回报。当疫苗开发商将数亿美元投入研发中以后，裁决者可能会受到诱惑，从而给疫苗开出一个勉强能覆盖其制造成本的价格，或是坚持进行没必要的产品测试和改进。这正是先前我们所认定的时间一致性问题的一种体现。

为了进一步提高疫苗承诺的可信度，可以任命疫苗开发商所信任的裁决者，并通过长期任命使他们免受政治压力的影响。通过制定资格和定价的规则来限制委员会的酌处权也是明智之举。从长远来看，建立一个能覆盖更多穷国主流疾病的计划也可以提高购买承诺的可信度。[1]这样的计划能够打造出公平竞争、言出必行的好口碑。[2]同样，它

1　但另一方面，如果该计划坚持用整个资金池为项目覆盖的任意疾病购买疫苗，那么潜在的疫苗开发商可能会担心当他们投资了疫苗研究之后，该购买计划会最大程度地压低疫苗价格，好用节省下来的款项购买针对其他疾病的疫苗。可以为各个疾病保留独立的资金（或分别做出资金承诺），以此来解决此问题。

2　引导企业研发那些主要目标客户为政府的疫苗，与引导企业开发目标客户为政府的武器在某种程度上来说是类似的。在这两种情形里，政府都必须让企业相信，政府不会在企业注入资金后便压低价格、趁火打劫。美国国防部不会要求采购人员以最低价格购买设备，而是以能够覆盖供应商成本的价格进行采购。按照正常公式计算出来的企业成本往往高于其生产费用，这反过来又能激励企业投资研发以赢得采购合同。罗杰森（1994）认为，国防部靠着遵守这一规则赢得了好名声，这么做鼓舞了私人研发投资，反之则相关研究很难再获得私人投资。美国国防部的优势在于这是一个积攒了数十年口碑的长期机构。除此之外，也没有人担心该机构将来会被废除。

也将有助于将一些以致力于促进药物研发而闻名的机构纳入裁决过程。

在疫苗承诺的设计上，像美联储这样的央行的经验有很多可借鉴之处。疫苗承诺必须是可信的，同样地，各国央行为了遏制通胀预期必须做出可靠承诺，保证会在价格开始上涨时采取强硬行动。央行行长们由于任期较长，可以免受政治压力的影响，疫苗购买计划也能如此。任命具有坚定反通胀资历的央行行长也有助于建立银行的信誉。将行业一些前官员纳入疫苗委员会同样可以增加人们的信心，相信该委员会不会在疫苗研发出来后强加不合理的条件。一种可行的做法是遵照某个有良好记录的机构的程序来执行，例如负责对美国儿童适用疫苗给出建议的免疫实践咨询委员会等。[1]还可以利用世界卫生组织的资格预审程序，药品要想获得联合国采购资格必须先通过该程序。

---

[1]　像泛美卫生组织和联合国儿童基金会这类购买现有疫苗的机构，会合理关注其当前的采购是否物有所值，因此可能会面临明显的利益冲突。所以它们不是疫苗承诺的独立管理者和裁决者的最佳选择。

市场测试要求

为了确保出资者不必购买符合所有技术要求但仍不适用于穷国的疫苗，疫苗承诺中需包含能证明受援国意向的证据。在本节中，我们考量了一些执行市场测试要求的方法，以及针对该要求的潜在隐患可以采取的一些保障措施。

对于一种新研发出来的产品，即使它符合所有预设的技术要求，国家也不一定愿意采用它。例如，如果一款疫苗所产生的副作用从医学来说是无害的，但在某种文化中却是不可接受的，那么人们可能不愿意接种这款疫苗。试图强制接种疫苗的做法甚至可能适得其反，加大民众对所有疫苗接种的抵触心理。许多时候购买看似有效的疫苗不一定能适得其用，而要预见到所有这些可能性是很困难的。具体而言，只有在接受国同意使用疫苗，并采取必要措施来确保产品能够交付给有需要的人时，项目出资者才同意为疫苗买单，这么做当然是恰当的。

▶ 共付额

对项目出资者而言，承诺支付大部分疫苗费用而非全款是合理的。受援国——或为受援国做代理的独立出资者——可能也需要分摊一笔款项作为其对疫苗接种方案的承诺。这笔款项应该在受援国或其他出资者需要支付的递送费用之外另行支付。很多时候必须由独立投资方来出该共付额，而不是受援国。但无论费用分摊者是国家本身还是一个独立机构，都需要有人通过有效的市场测试来判定疫苗是否实际有效。这将有助于防止疫苗开发人员生产出满足技术要求但缺乏实际效用的产品。超级节能冰箱计划的例子说明这种危险不仅仅存在于假设之中。

分摊费用还可以增加疫苗生产商从出资者的任何给定支出中获得的潜在回报，以此来激励疫苗研发行为。但另一方面，分摊费用必然会在这一过程中引入另一组决策者。这在某种程度上增加了产品最终购买与否的不确定性，同时也增加了研发投资的风险。这说明费用的分摊应该适度。

当疫苗研制成功后，如果各国的共付额等于额外生产疫苗的边际成本，就能适当地调动其购买积极性。从理论上讲，让各国的共付额略低于其所愿意支付的估价[1]，也许可以在不降低效率的情况下使各国为项目承担更多费用。

1　如果疫苗购买行为能带来大量正的跨国外部效应，那么共付额应该更低。

由于与贫穷国家相比，较为富裕的国家往往愿意出更多的钱，因此国家共付额可以与人均收入挂钩。[1]将受援国的共付额与收入挂钩还能实现分层定价的多重优势。如果能设定恰当的共付额，那么各国在疫苗的社会价值超越其边际生产成本时就可以获得疫苗。

▶ 通过共付额预防绑定交易与腐败问题

应该对市场测试进行精心设计，以免疫苗开发商通过贿赂的方式使潜在的受援国接受该疫苗，也防止受援者以同意接受疫苗为条件进行勒索。比如说，开发商可以通过降低其他药品价格甚至贿赂的形式，向相关国家退还一定比例的疫苗购买款，从而诱使该国接受低质量的疫苗。[2]同样，穷国的卫生当局可能会坚持索要这些款项作为接受一款高质量疫苗的条件。

---

1 疾病负担更重的国家往往支付意愿也更高。但将共付额与疾病负担挂钩似乎有失公允，而且在政治层面可能难以实施。

2 可以通过惩罚行贿企业，限制卖方提供给卫生部官员的旅行、培训及其他津贴等方式，对直接腐败加以限制。根据美国的《反海外腐败法》，行贿外国政府的企业高管将受到刑事起诉。其他国家有类似的法律。由于药品和疫苗市场仅占大多数大型制药公司整体业务的一小部分，因此它们往往不愿冒这个险，以免破坏自身公众形象、引起监管机构的注意或招致法律制裁。

疫苗承诺制度可以利用保障措施来尽可能地减少这些问题。对疫苗资质设立技术要求是第一道也是最重要的一道防线，防止受援国利用该项目购买与其有政治来往的企业所制造的庸医产品。

有些国家以自身需求为条件向疫苗开发商索取额外款项或其他优惠待遇，这一问题可以用一项单独的保障措施来解决（下一章将概述这一措施），即项目出资方保证为前期接种的一定数量的疫苗支付高价，同时卖方承诺在疫苗接种量超过这一数字后降低销售价格。在这样一种机制下，政府在向疫苗开发商索要额外款项时基本没有讨价还价的能力，因为如果它以拒绝疫苗相威胁，制造商只会损失相对较少的边际收入。

最后，每年为一个国家购买的疫苗剂量不应超过其新生儿所需剂量数，在项目实施的最初几年，由于需要对积压的易感人群进行疫苗接种，因此数量可以有所调整。这将与先前讨论过的双层定价体系一同限制因订单膨胀带来的潜在损失。

退 出 条 款

将两类退出条款纳入疫苗承诺之中或许能派上用场。

首先，"日落条款"允许出资方在一定时间后退出。如果30年过去了，对核心产品的研究仍未取得实质性进展，那说明疫苗承诺可能并不是最有效的方法，应该对这项政策进行重新评估。因此，可以纳入一项日落条款来明确规定：比如说20年后，出资方可以随时通知研发者，如果再过10年仍未研发出疫苗，承诺就会失效。如果没有疫苗进入3期试验，相关条款还可以允许出资方更早发出类似的十年通知。

另一类退出条款可以规定，在疾病环境发生巨大变化以致疫苗需求不复存在或急剧下降时可终止相关义务。比如说，如果针对传播疟疾的蚊子所研发的新型杀虫剂真的根除了疟疾，而且这种根除将是永久性的，那么要求一个项目的出资者为疟疾疫苗的研发投入数十亿美元，亦即鼓励生物技术和制药企业将精力投入相关研发上是不合理的。为了应对这些可能性，疫苗承诺可以规定，如果独立裁决委员会确定相关的疾病负担下降了50%或75%以上，出资方的义务就会终止。为了避免有人利用这类退出选项来违约，以下几点十分重要：（1）将援引这一条款的权力交给独立裁决委员会而非出资方，因为后者在决策中牵扯到自身经济利益，而前者是靠信誉被筛选出来的;（2）应该要求独立裁决委员会在获得绝对多数同意（也许是四分之三的赞成票）的情况下才能援引这一条款;（3）任何援引这一条款的决定都应受到合法性质疑。

　　退出条款会加大疫苗开发商所需承担的风险，但生物技术和制药公司通常承担的风险是替代技术的出现使得当前的方法不再必要。这方面对于从事贫穷国家疾病研究的企业来说也是一样。事实上，研究人员如果在选择研究途径时考虑到这个现实问题将能够提高效率。

　　去除资格系统中的任何要素都会带来风险。例如，不允许独立裁决委员会拥有自由裁量权可能导致更多理想疫苗被拒之门外。允许委员会添加额外的要求可能导致委员会滥用自由裁量权，在疫苗开发商已经投入大量研发资金后抬高其面临的门槛。对这个问题的担忧会阻碍投资。如果不要求受援国同意使用候选疫苗，就有可能使赞助方被迫购买不适用的疫苗。排除日落条款将有可能出现投入数十亿美元但相关创新毫无进展的情况。

第 9 章

我们应该承诺为一款疫苗付多少钱？

处理这个问题要弄清两个问题：第一，需要多大的市场规模才能促进研究？第二，在保证疫苗的成本效益的前提下，其价格最高可以开到多少？在本章中，我们将分析促进研究所需的市场价值总额。下一章，我们将讨论如何设计疫苗承诺中的定价。

刺激研发需要多大的市场规模？

潜在市场越大，进入该领域的企业就越多，每个企业所探索的研究线索就越多，相关产品的研发速度就越快。进入该领域的研究人员越多，任何特定公司能第一个研发出相关疫苗的机会就越小。这说明了扩大疫苗承诺的规模，并不一定会增加任何单个开发商的预期利润，但确实会让更多的公司加入研发竞赛当中。鉴于疟疾、结核病和艾滋病病毒/艾滋病所造成的巨大负担，我们必须为研究者们提供足够的研发动力，使疫苗能够尽早问世。

　　在这里，我们探讨几种确定适当的市场规模的方法。我们认为，成本加价法是不适用的，着眼于研发成本的统计数据可能也不合适。更好的方法是尝试使投资那些被忽视疾病所获得的收益与现有商业产品的投资收益相当。

　　为什么不简单地根据开发商的研究成本加上利润率来付钱呢？潜在研发者知道他们的研究可能会失败，因此他们必须在其投资决策中考虑到这种可能性。具体来说，如果一个潜在开发商要进行一系列的研究，他必须确保产品研发成功所带来的回报至少能覆盖失败的风险。例如，如果生物技术投资者认为某种候选产品有10%的成功几率，那么产品研发成功后他们至少需要得到10倍于其投资的回报，这样才值得他们在事成之前进行投资。[1]然而如果一个拉动计划提供了10倍于研究成本的利润，那么感觉自己即将成功的企业就有充分的动力来加大研发投入而不是节约

1　如前所述，获得拨款资助的研究项目，其倡导者可能会对疫苗的研发前景过于乐观。据美国医学研究所1986年估计，花费3 500万美元可以开发出一款疟疾疫苗（美国医学研究所，1986）。这个数字实在是太低了。这一成本估值似乎已经假定疫苗在研发过程中的每个阶段都能取得成功。实际上，在研发出一款可用疫苗之前，很可能要先对许多候选疫苗进行试验。还有一点进一步表明医学研究所的估计过于乐观：他们在1986年预测，未来5到10年内疟疾疫苗就能面世。

成本。

　　另一种估算必要市场规模的方法，是看药品研发的平均成本。迪马斯等人2003年从一项对10家制药企业的调查中，随机挑选并检验了68个新化学实体，发现考虑到药物开发过程中每一阶段的失败风险，每个获批的新化学实体的平均资本化成本按2000年美元计算是8.02亿美元，按2004年美元计算是8.73亿美元。然而研发成本的差异很大。迪马斯等人发现，在开发过程的大多数阶段中，成本的标准差大于平均值。疫苗试验需要大量的受试者，因此费用昂贵。不仅如此，开发疟疾、结核病或艾滋病病毒疫苗的成本可能要远高于这些估值，因为对现有药物的研究过于重视那些易于实现的目标——研发成本较低的新化学实体。此外，对药物开发成本的估值也存在争议。迪马斯的估值引起了消费者权益组织"公共市民"的愤怒，该组织声称迪马斯的研究样本是从最昂贵的药物中挑选出来的，而且还夸大了临床试验的成本（公共市民，2002）。另外，由于部分研发支出可以获得税收减免，因此企业可能会将一般性支出也归到研发支出中。

　　还有另外两种看似前景更好的方法。第一种是使用熟悉该行业的外部人士的观点，来得出促进重大投资所需的

市场收益水平。风险投资者在做出投资决策时，往往会寻
找峰值达到5亿美元的年均市场规模。[1]例如，据罗宾斯－
罗思（2000）报告，5亿美元的年销售峰值或许足以吸引
到研发投资。假设典型的产品生命周期如格拉博夫斯基等
人（2002）所说的那样，若实际资本成本为8%（相当于长
期股票市场收益），则这相当于约33亿美元的净现值。（实
际资本成本是由名义收益减去通货膨胀率得到的，因此如
果通货膨胀率为3%，那么名义资本成本则为11%。）

要知道怎样的收益水平才能促进药物研究，也许最有
吸引力的方法还是研究具体的证据。最近一次对医药产品
销售额的全面分析是由格拉博夫斯基等人（2002）完成的。
在该分析中，作者报告了1990年至1994年期间引入美国的
118个新化学实体。[2]若采用全行业估值约为11%的名义资
本成本[3]，则样品中的平均产品的销售净现值（在引入市场
时）按2004年的美元计算达到了28亿美元。在考虑疫苗承
诺的必要价值时，可能需要对这些数字做出调整，因为格

---

1 来自与安德鲁·迈特里克的私人对话。
2 以下讨论着重引用了厄尼·伯恩特、格尔克·魏茨泽克和皮娅·布鲁斯
（2003）的著作。
3 在通胀率为3%的情况下，11%的名义资本成本相当于8%的实际资本成本。

拉博夫斯基等人（2002）所提出的收入有一部分用在了营销上。在疫苗承诺计划中，潜在疫苗制造商在产品推广上的花费会大大降低。据罗森塔尔等人（2002）估计，相对于销售而言，美国制药公司在产品推广方面的支出一直稳定保持在营销额的15%左右。

　　由于企业将直接向政府或儿童基金会销售产品，因此在下调营销成本后，还需要25亿美元的销售净现值（按2004年的美元计算）来匹配新化学实体带来的平均收入。当然，现有产品的样本中包括一些研发难度较低的"低挂果实"。鉴于研制疟疾疫苗的技术难度比研制一般产品更高，因此付款额也应更高为宜。根据格拉博夫斯基等人的说法，分布在第70到第80个百分位数之间的产品的收入净现值平均为34亿美元（按2004年的美元计算），而分布在第80到第90个百分位数之间的产品的收入净现值，按2004年美元计算为55亿美元。在进行营销成本调整后，将需要30亿美元的净现值收入来匹配第70至80百分位数之间的产品，需要50亿美元以匹配第80至90百分位数之间的产品（均以2004年美元计）。以当下的目的为出发点，我们将把30亿美元作为我们的目标收入，因为这一数字相对于平均收入而言有非常大的提升，但又不能与那些最畅销的药物相提并论。

当然，疫苗开发人员在承诺计划之外还会有一些收入。比如说，开发商可以将疟疾疫苗出售给高收入国家的旅行者和军方，卖给巴西等中等收入国家以及贫困国家的民营部门。据大众媒体估计（路透社，2003），每年销售给工业化国家的旅行者、游客以及销售给军队的预防疟疾药物可能高达2亿美元。然而其他方面引用的数字要低得多，总体而言很难对这一数字进行可靠的预测。如果一款疫苗的实际资本成本为8%，那么若该疫苗在年销量峰值时获得了1亿美元的市场，且随着时间的推移其销售情况跟一般药物的销售情况趋同（格拉博夫斯基等，2002），则该疫苗卖出的净现值约为6.5亿美元。

如果该疫苗在发展中国家进行私人销售增加了额外1亿美元的收入，那么其在承诺计划之外的收入净现值就能达到7.5亿美元。

因此，要想创造30亿美元的总收入，该计划必须通过自身创造约23亿美元的销售额。从定价的层面来说，在产品使用率处于合理水平的情况下，这相当于承诺为该计划免疫的首批2亿人口每人实际支付15美元。对于三剂疫苗而言就是每剂5美元。

由于不确定研发疫苗将花费多长时间，所以应根据通货膨胀的情况对报价进行相应调整。如果名义价格一直保持不变，那么如果研发时间变长，疫苗销售的实际总价值就会下降——这是有悖常情的，因为要研发具有科学挑战性的疫苗需要更多而不是更少的鼓励。假设通货膨胀率为3%，则该计划承诺支付的每人15美元的免疫费用（按2004年美元计算）到10年后就会变成大约20美元。

成本效益：一款疫苗有多大价值？

疫苗承诺应该足够大才能对研究起到激励作用。但它不应该过于昂贵，以至于别的卫生干预措施可以用同样的资源拯救更多的生命。在本节中，我们首先会证明与其他保健干预措施相比，一旦疫苗研发成功，以商定的价格购买和交付疫苗将具有相当高的成本效益。接着我们尝试评估该计划所带来的更广泛的影响，即它对加快疫苗的研发和分发所可能产生的影响。我们认为相关承诺很可能会大大促进疫苗的研发，并能在疫苗研发成功后让贫穷国家更快获得疫苗，而且即便相关承诺在加速产品研发和分发上的作用相对没那么大，这仍是一项非常有价值的政策。

此前我们注意到，世界银行发布的《1993年世界发展报告》认为，在贫困国家中，每挽救一个寿命年所耗成本低于100美元的卫生干预措施是具有成本效益的，更近些时候则已将国家的人均国民生产总值作为适当的基准（全球疫苗和免疫联盟，2004；世界卫生组织，2000d）。目前，低收入国家的各种卫生干预措施都得到了资金支持，且它们之间的成本效益差别很大。例如，据估计，标准的扩大免疫规划儿童疫苗包中常规提供的小儿麻痹症及百白破疫苗，在低收入国家每挽回一个伤残调整寿命年（DALY）的成本不超过20美元，在中等收入国家不超过40美元（贾米森，1993）。当然，这一估值算的是平均成本，必须指出的是，要想让疫苗覆盖到更偏远地区的人口，其边际成本可能要大得多，因为还需要发展和扩大当地的卫生基础设施。对于抗逆转录病毒疗法每挽回一个寿命年所需的费用，其估值容易因药物递送成本和治疗的流行病学影响（根据行为反应，该影响可能是积极的，也可能是消极的）的相关设想而波动，但2001年哈佛133名教职人员在呼吁使用抗逆转录病毒疗法（亚当斯等，2001）时估计，使用DOTS方案购买和递送抗逆转录病毒药物的费用为每年1 100美元。如前所述，他们的分析假设抗逆转录病

毒药物的平均费用为每位患者每年650美元。如果将他们
假设的数字调整为近期商定的抗逆转录病毒药物的最低费
用估值，即每年140美元（麦克尼尔，2004），则该疗法的
治疗费用约为每年613美元。

　　总的来说，对于那些明显具有成本效益且有一定规模
的项目而言，每多挽回一个寿命年要花费100美元可以被
看作是一个保守而省事的标准。如果援助开支挽回一个寿
命年的成本低于这一数额，那么若以其他方式花费同样的
资金似乎也不大可能挽救更多的生命。每一个伤残调整寿
命年花费的成本越高，情况就越不明晰。

　　我们可以考虑这个承诺的成本效益：承诺以每人15美
元的价格为前2亿疫苗接种者购买一款疟疾疫苗（以2004
年的美元价格计算），条件是供应商答应将之后的价格降至
每人1美元（这一数字仍高于扩大免疫规划中许多疫苗的现
价）。这种承诺所具有的确切的成本效益取决于多种设想。[1]
但是为了对规模有所了解，我们假设存在这样一个案例：
（1）合同涵盖所有国民生产总值低于1 000美元/年，且相关

1　我们在疾病负担、生育能力、递送成本以及疫苗接种收益等方面有更详
　细的数据和假设，详情见以下网址：http://post.economics.harvard.edu/faculty/
　kremer/。

疾病泛滥成灾、有疫苗接种价值的国家;(2)各国在7年内使用了该疫苗,并最终达到了比扩大免疫规划项目的当前水平高出5个百分点的稳定免疫水平;(3)疫苗共有三剂,但可以随扩大免疫规划疫苗包一起接种,每人额外支付0.75美元;(4)疫苗有效率为60%,能保护接种者在5年内不受感染,且不会削弱其有限的自然免疫力从而导致反跳现象。基于这些假设以及人口、生育力和患病率等数据,我们估算了每个国家每年要接种的人数,每个国家相关疾病的人均一个伤残调整寿命年负担,以及接种该疫苗后每年将增加的健康收益。在这些假设下,每挽回一个受损伤残调整寿命年的成本(包括增量交付成本)约为15美元(以2004年美元计)。在类似的假设下,承诺为前2亿接种抗艾滋病病毒或结核病疫苗的人每人支付15美元同样也具有很高的成本效益。

这些计算结果可能过于悲观。计算结果不包括流行病学收益——为大部分人口接种疫苗可以减缓疾病的传播速度,因此未接种疫苗的人也可以从中受益。这些数据还不包括项目给中等收入和高收入国家民众带来的健康收益,或是给低收入国家自费购买疫苗的成年人带来的益处。这种计算方式假设疫苗将在整个国家范围内随机接种,因此没有考虑对国内的疾病重灾区进行有针对性的疫苗递送所带来的任何益处。最后，父母将子女带到诊所接种抗疟疾疫苗的行为可能导致其他疫苗的接种率也随之上升，而计算结果并没有将这种收益考虑在内。

因此，疫苗购买承诺显然比任何其他资金使用方式能挽救更多的生命。事实上，在对疫苗功效、疫苗采用的范围和速度以及投入资金等进行广泛假设的情况下，承诺仍然具有成本效益。

可以在以下网址在线访问一个方便好用的交互式程序来计算不同场景下的成本效益：http://post.economics.harvard.edu/faculty/kremer/。通过该互动程序可以证明，即使基本案例中的许多假设发生了变化，疫苗承诺仍然具有成本效益。这种敏感性分析还强调了疫苗的哪些特性对于确保成本效益来说很重要，从而使我们知道了合同中应该包含的关键技术指标。

疫苗的成本效益不太受其功效、使用率或报价的变化影响。例如，一款有效率仅50%的疟疾疫苗在研发出来之后，每挽回一个伤残调整寿命年所花费的成本仍不到20美元。即使分阶段引入该疫苗需要15年时间，且其采用率比第三剂百白破疫苗2002年的接种率还低10个百分点，该计划每挽回一个伤残调整寿命年的成本仍低于20美元，且能为制药公司带来19亿美元的净现值收入（以2004年美元计算）。加上低收入和中等收入国家的疫苗民营市场以及较富裕国家的旅行者和军方消费市场，总收入还是能达到25亿美元，即现有药品的平均净现值收入水平。

即使面对各类不同的合同条款，疫苗承诺在研发时也可以具有成本效益。相关承诺可以为接受免疫的前2.25亿人每人提供25美元，以匹配那些处于收入分配的第80至第90个百分位数之间的药物，同时产生平均50亿美元的销售净现值。这种情况下每挽回一个伤残调整寿命年约花费21美元。如下所述，如果这能使疫苗的研发速度缩短3年，那么这一报价较高的承诺可能比为前2亿接种者每人支付15美元的较小承诺更有吸引力。

成本效益更容易受到疫苗所需剂量数和保护期限这两个变量的影响。即使是有效率相对较低的疫苗，如果能与目前的（三剂量）扩大免疫计划疫苗包一起接种的话也很合算。这是因为在该疫苗包中加入额外的疫苗成本相对较低。我们已经假设在扩大免疫计划疫苗包中添加一款三剂疫苗的增量成本为0.75美元，尽管就算是多加几倍，其接种价格还是相当便宜。相比之下，在扩大免疫计划清单之外进行接种的成本将会很高（我们假设每剂成本为5美元）。[1] 为了说明这一点，在扩大免疫计划清单之外额外增加两剂疫苗将使每个伤残调整寿命年的成本达到约25美元，而且可能只有在疟疾负担最重的非洲国家进行全国接种才具有成本效益。[2]

同样，成本效益对疫苗防护期这一变量也很敏感。由于感染疟疾后最容易死亡的主要是尚未获得自然免疫力的5岁以下儿童，因此对于防护期不到5年的疫苗而言每个伤残调整寿命年的成本会急剧增加。如果疫苗仅能提供两年的保护，则每挽回一个伤残调整寿命年的成本将升至26美元。如果可以给人们重新接种疫苗的话这一成本或许会下降，但这取决于加强免疫的频率。针对疟疾疫苗的承诺在明确技术要求时应考虑到这些因素。

先前的计算表明，一旦研发出满足适当技术要求的疫苗，以商定的价格购买疫苗将是我们可想到的最具成本效益的卫生干预措施之一。因此，我们不必担心疫苗承诺把出资者与未来采购绑定起来，但到了那时候这种采购却又不是能在给定预算下挽救最多生命的有效方法。现在我们来研究一个更复杂一点

1　据估计，扩大免疫计划疫苗的接种费用约为 15 美元。

2　我们在计算中假设，如果每挽回一个伤残调整寿命年所需的接种成本超过了 100 美元，则有关国家就会退出该计划。

的问题——承诺在加速疫苗研发和分发过程方面的价值。为了对它进行评估，我们需要对没有疫苗承诺的情况做出假设。

在没有价格承诺的情况下，疫苗的研发和使用都可能会延迟。我们很难知晓疫苗承诺能在多大程度上加速疫苗的研发过程，但是有迹象表明这种影响可能非常之大，这一迹象正来自《孤儿药法案》。前文提到，在1983年《孤儿药法案》通过之前的10年里发现的新孤儿药还不到10种，但在那之后却发现了200多种。疫苗承诺还可能大大加快贫穷国家获取疫苗的速度。如前所述，当以每剂30美元的价格引入乙肝疫苗时，它在低收入国家的使用率非常低（穆拉斯金，1995；加兰博斯，1995）。历史记录表明，在缺乏承诺的情况下，发展中国家采用新疫苗的时间很容易就会延迟10到15年。[1]加快疟疾疫苗研发会带来巨大的健康收益，因为该疾病每年杀死了100万人。

1　我们给出的药物获取延迟时间是根据历史记录估算出来的，但有人可能会争辩说，现在的出资者们更愿意在疫苗上投资了。但是如果有人认为即使没有承诺，出资者也会立即购买疫苗并以与疫苗承诺下的初始报价相当的价格来分发疫苗，那么无论有没有疫苗承诺，购买和分发疫苗的成本都是一样的，且提前公布一项承诺所带来的任何加速研发收益都没有成本。如果横竖都要把钱花在疫苗上的话，那么通过提前宣布这项政策并作出疫苗承诺显然可以加快研发进度并从中获得更大的成本效益。相反，如果有人认为公司必须在贫穷国家以生产成本的价格分发疫苗，那么就很难反驳疫苗承诺在提供财政激励以促进疫苗开发方面的重要性。

　　如果疫苗承诺将疫苗研发时间缩短了 10 年，并将其在贫穷国家的普及提前了 10 年，那么每额外挽回一个伤残调整寿命年仍然只需花费约 23 美元。即使在极端情况下，价格承诺只能使疫苗的研发速度加快一年、在贫穷国家的普及提前两年，该方案每多挽回一个伤残调整寿命年的成本大约为 80 到 90 美元——仍不到 100 美元这个高成本效益干预措施每个伤残调整寿命年成本的阈值。

　　我们用类似的逻辑进行推理，如果扩大承诺的规模将加速疫苗的研发，那么或许值得做出更大规模的承诺。比起为前 2 亿接种者每人支付 15 美元，为前 2.25 亿人每人支付 25 美元将达到现有商品中处于第 80 至第 90 个百分位数之间的产品的平均净现值水平。与较小承诺相比，只要较大承诺能将疫苗研发时间加速 3 年，那么其每多挽回一个伤残调整寿命年的成本就会低于 100 美元。

　　在一系列数值的作用下，疫苗承诺将既可以激发重大研究，同时仍具有极高的成本效益。为前 2 亿—2.5 亿疫苗接种者每人投入 15—25 美元的承诺无疑是合适的。承诺的规模越大，就会有越多的公司加入疫苗研发中来，就越有可能更快地开发出疫苗。鉴于疟疾每天造成 3 000 人死亡，因此在这方面过于节约似乎并不明智。

第 10 章

如何安排付款事项？

在本章中我们首先提出，在进行方案设计时，一旦敲定了对疫苗开发人员的总体补偿水平，方案所覆盖的人就应该越多越好。由于疫苗的制造成本可能会很低，因此开发人员将把关注的重点放在总收入上。但是比起以更高的人均价格覆盖更少的人，以适中的价格覆盖更多人将会带来远超前者的公共健康收益。可以通过确保为首批疫苗接种者支付较高的价格，以此换取生产商其后降低价格的承诺，这么做将是一个有吸引力的选项。

接着，我们探讨如何设计方案来应对同一疾病出现多种疫苗的情况。最后，我们考虑基于产品质量支付奖金的可能性，以及能否在发现初始奖励不足的情况下对承诺进行修改。

我们在前文探讨过，刺激研究的决定性因素是产品产生的预期收益现值。这是由以下事实得来的：在药物研发中，与研发相关的固定成本较高，而生产额外剂量的边际成本相对较低。

　　这意味着：大致来说，最好按每个疫苗接种者或接受治疗者的人均价格而非每剂疫苗的单价来定价。接种一款需要多剂量注射才能提供免疫的疫苗，没有理由比接种单剂量疫苗付更多的钱。实际上，单剂量就能提供免疫的疫苗价值更高，因为这既能降低接种成本，又能让更多人完成整个接种流程。

　　其次，这还意味着，即使将大国或那些以边际成本价格进行疫苗接种较为合算（但按方案中的疫苗均价却没有成本效益）的国家排除在方案覆盖范围之外，也不能起到省钱的作用。这样精打细算地限制方案的覆盖范围是种错误的做法，因为在确保研究激励力度不变的情况下，方案所购买的剂量数越少，其承诺为每个疫苗接种者支付的价格就应该越高。

　　然而另一方面，如果在没有承诺方案的情况下，一些买家本会以高于或等于方案报价的价格购买疫苗，那么要求方案覆盖这些人群将降低其对疫苗研发的激励力度。因此，尽管疫苗承诺应该覆盖所有低收入国家，但同时应允许制造商在高收入国家自由协商定价并进行销售。我们尚不清楚巴西等中等收入国家是否应该涵盖在内。

　　这种方法或许较为可行：首先确定刺激研究所需的资

金，然后通过为每位接种者提供相对较高的价格来支付这笔钱，直到总付款达到一定水平。例如，对于在疟疾流行地区进行疟疾疫苗接种的前 2 亿儿童，赞助方可以保证为每人提供 15 美元（以 2004 年美元价值计算），但对方需承担 10% 的共付额。这项承诺的确切净现值将取决于该疟疾疫苗的研发速度，不过合理估值约在 23 亿美元左右（以 2004 年美元计）。[1] 还需要制定相应条款以确保方案只需要为能在合理预期下递送给风险人群的疫苗买单。

在这之后，可以要求开发者以略高于生产成本的价格供应疫苗。要落实这一点，方案可以要求开发者授予项目出资方一个限定许可证，允许其生产疫苗并销往贫穷国家。只要开发商继续以合理的价格供应疫苗，出资方就不会使用许可证。合同中可以包含相应条款，在公司未能交付指定数量的疫苗时对供应方做出处罚。

与给出具体采购时间表的承诺相比，保证为第一批疫苗接种者支付高价（包含共付额）有一个主要的实际优势，因为要想预测各国愿意购买多少疫苗、能分发多少疫苗是

1　23 亿美元的估值是基于这一假设计算出来的：该疫苗最终能达到 2001 年第三剂百白破疫苗的接种率水平。该算法假设疫苗将在 7 年内达到稳定状态，且其使用率在这段过渡期中呈线性增长。

很困难的。这将取决于一大堆疫苗特性，以及疫苗在未来很长时间内的政治凸显度。尽管卫生部显然应该迅速采取行动来采用新疫苗，但是对于已经患病者的治疗问题或卫生工作者的加薪问题等其他方面，国家内部可能面临着同样甚至更大的政治压力。相关部门可能不愿重新安排疫苗接种计划或重新分配卫生工作人员，因而更愿意让其他国家先行尝试，以观察疫苗是否有意料之外的副作用。

前文提过，从疫苗开发者的角度来看，共付额制度的一个缺点在于开发者需要承担需求疲软的风险。但是制药企业在处理其他产品时也需要承担这种风险，因此没道理让出资者承担全部的风险。因为知道其产品不太可能被广泛运用的研发者届时可能会继续研究不适用的疫苗。除了采用两分式的定价结构外，还有一种方法可以分摊产品普及缓慢的风险，那就是由发起人出资承担一些由国家卫生当局策划的、旨在加快新疫苗普及的活动。

如果事实证明潜在的疫苗研发者完全无法接受一个有共付额要求的机制，那么或许可以考虑构建一个混合机制。可以按如下条件来设计混合合同：任何符合独立裁决委员会所裁定的基本技术规格的公司，都有资格获得包含共付额条件的价格担保。然而，要想获得不包含共付额条件的承诺，疫苗必须达到更高的技术规格水平。独立裁决委员会还必须证明疫苗在低收入国家是切实可用的，且疫苗需求没有因为其他技术的发展而急剧减少。

多种疫苗的支付和市场独占性

在制定疫苗承诺的规则时需要考虑到研发出多种疫苗的情况。制定规则时应牢记三个目标：（1）制订激励措施来适当地奖励研发出首款疫苗的人；（2）制订促进初始疫苗改进工作的激励措施；（3）向患者提供最佳可用疫苗。选择是多种多样的，可以建立一个纯粹的赢者通吃体系，也可以允许所有获批产品都参与销售竞争，方案只需按照产品的销售比例给予奖励即可。本节将解决如何平衡这些目标的问题。

理想状态下，给每个研发者的奖励应该反映出每款疫苗的社会价值。这意味着研发出的首款合格疫苗应比后来的疫苗得到更多奖励。一旦研发出合格疫苗，通常第二款疫苗的增量收益就会减少。比如说，在没有疫苗的情况下研发出有效率70%的疫苗将带来巨大的社会福利，而相比之下，将疫苗的有效率从70%提升到85%所产生的社会福利就要小得多。这说明较小的奖励会让企业研发第二款疫苗的动力与疫苗的社会价值相一致。

　　对后续产品提供优惠待遇会打击企业进行首创研发的积极性，这是在任何疫苗承诺中都应该避免的重大风险。一旦某企业开发出了针对某疾病的疫苗，对其竞争对手来说，研发替代产品往往要容易许多。即使首款疫苗受专利保护，情况也是如此，因为通常可以设计出避开知识产权保护的仿制产品。因此，首创产品的研发者不仅面临着被"山寨"的风险，还可能会被这款后来的仿制品占领大部分市场。这种风险可能会阻碍首创产品研究的发展。

　　这表明，只有当后续疫苗的研发能够优化产品的某些特性时，才应该对其进行奖励。研发过程会消耗资源，从社会的角度来看，将科学人才和设备投入与现有疫苗相当的疫苗上充其量不过是浪费。往坏处说，一旦业界认为社会将鼓励后续疫苗的研发，这将对首创产品的研发造成实实在在的打击。[1]

1　疫苗买家通常希望市面上有多家供应商，并以此来压低价格。然而，长期合同同样也能确保产品价格处于合理水平，且不会将资源浪费在鼓励仿制药物的研发上。例如，疫苗承诺可以规定，开发者在获得了一定金额后，必须同意向贫穷国家生产销售该产品。如果开发商不愿以接近制造成本的价格将产品出售给低收入国家，则赞助方可以使用许可证来引入竞争者。对于那些仅为绕过现有专利而设计的无效研发而言，这样做可以避免为其提供动力。

　　要想为首位研发者提供比后来者更大的奖励，同时仍使大家愿意积极改进产品，一个可取的方法是保证首创疫苗在更优产品问世前拥有市场独占地位。这正是美国《孤儿药法案》所采取的方法。人们普遍认为该法案的市场独占性条款打击了"山寨"替代品的研发，从而极大地促进了对孤儿药的研究（舒尔曼和马诺奇亚，1997）。在实践中，除非有显著提升，否则很难证明后续疫苗在临床上优于首创疫苗。

　　在疫苗承诺中纳入市场独占性条款可能会产生一个异议：如果多个研发者在同时研制一款疫苗，这么做可能会增加开发商承担的风险，从而阻碍研究发展。在没有市场独占性条款的情况下，几家同时开发类似疫苗的公司将分享市场。向首个研发出疫苗的开发商提供市场独占权可能会增加风险，因为即使第二家疫苗几个月后就能上市，其作为竞争输家也得不到任何好处。

　　有一事实可以抵消该风险：市场独占性条款可能使投资疫苗的所有企业的总回报更高。如果开发出仿制产品，那么企业可能会在营销支出中耗费掉潜在利润。即使通过疫苗承诺计划所支付的价格可以得到保证，企业也可能在其他市场上进行价格竞争，例如针对旅行者的疟疾疫苗市

场。总的来说，《孤儿药法案》在促进研发方面的成功经验
表明，市场独占性能吸引研发者。

然而，如果有关方面仍认为应该让在疫苗研发竞争中
惜败的企业也能获得奖励，那么可以在首个合格产品获批后
的某个限定窗口期（也许是一两年）内，允许期间研发出的
所有产品在该计划内共享市场独占权，一些经证实对某些人
群的临床疗效更好的后续产品也可以分一杯羹。这将为参与
激烈竞争的企业减少产品研发风险，同时也降低了仿制疫苗
大幅度挤占首创产品的销售市场并因此阻碍研究的可能性。

如果企业生产出了更优疫苗，那么这些疫苗应在该计
划的覆盖范围之内。这就为疫苗首创者和后续研发者之间
的补偿分配问题留下了开放空间。其中一种可能性，是让
独立裁决委员会把后续疫苗的费用酌情分配给首创和后续
研发者，这将取决于委员会对后续产品的品质提升程度的
评估，以及后来者对疫苗首创者的研发成果的依赖程度。

经济学理论认为，临床疗效更优的后来疫苗所获得的奖
励，理论上应该与其对原始疫苗的改善程度相关，且原始研
发者应继续获得符合其研究的社会价值的报酬，即便他们的
工作成果刺激并促成了更优疫苗的诞生。尽管与《孤儿药法
案》对更优产品一揽子豁免的做法相比，这种方法与私人和

社会研究动力吻合得更加紧密，但它实施起来可能很困难。

要想保留对原始开发者的奖励，一种更简单的做法是先保证高价，再在一定数量的人口获得免疫后降低价格。在确保整个计划期间支付的预期现值保持不变的情况下，这一定价规则将极大地激励研发者们迅速开发出合适的产品，然后以较高的初始价格尽可能多地卖出产品。

这一定价规则还有助于使疫苗带来的私人回报与其社会价值相匹配。对首个开发者的激励价值，取决于更优产品推出之前的这段时间间隔。如果没有其他产品在研制之中，那么首批疫苗的研发对社会而言就至关重要。相比之下，在赢者通吃的体系中，无论是否有更优产品即将面世，对首位开发者的激励效果都是一样的。

基于产品质量支付奖金

给符合技术要求的疫苗保证一个最低价格将有助于提高承诺的可信度。然而，研发人员还需要有动力制造出超过最低合格门槛的疫苗。我们刚刚讨论的更优疫苗的相关条款将对开发高质量疫苗起到一些促进作用。但我们也可以设想一种按照产品质量支付奖金的模式。例如，可以为

口服式疫苗（而非注射式疫苗）、更少剂量就能生效的疫苗
或是能纳入扩大免疫规划进行接种的疫苗提供奖金。

　　按照产品质量来付款有一些好处，但这也会让过程更
加复杂，我们在后文将讨论这一点。这可能会给裁决委员
会提供滥用职权的机会，从而给潜在研发者和项目出资者
带来更多不确定性。

　　奖金的支付方式有两种。可以设立一个委员会，对
特定产品所挽回的生命或伤残调整寿命年数进行估算（它
可以按自己的方式来估算这些数值）并以此为基础分发奖
金。[1]或者也可以按照一些更容易量化的产品特性来预先制

---

[1]　挽回的伤残调整寿命年数据信息可能只能逐步获取。比如说，一开始人们可
能不清楚一款疫苗是能提供永久保护还是暂时保护。疫苗对继发感染的预防程度
可能也难以提前预测。可以基于对挽回伤残调整寿命年数的保守估计向研发者支
付首批奖金，后期再根据收益的兑现情况进行额外支付。当然，如果延迟付款，
则还必须支付累计利息。比起按照获得监管审批所需的临床试验结果向开发者支
付奖金，根据已经挽救的伤残调整寿命年或生命数量来支付，将可以更好地鼓励
研发者生产出切实可用的产品，而不是仅在临床试验中奏效的产品——在临床实
验中接种规则能得到更好地遵守。不仅如此，如果研发者可以在产品投入使用后
再获取奖金，那么疫苗购买计划中的价格制订委员会想不按可盈利价格进行支付
都很难。在产品投入使用之前，委员会可能会以产品存在潜在问题为由，认定其
只应获得少量奖励。然而如果产品已经投入使用，并将疟疾负担降低了 90%（举
个例子），委员会将很难辩称它是无效的。（艾滋病等新兴疾病不在上述范围内，
因为在没有疫苗的情况下对这些疾病的流行率预测可能极不准确。）

订好奖金支付时间表，例如在临床试验中的功效或所需的剂量数等。

按照产品挽救的生命数来支付奖金的一个好处在于，它将鼓励研发人员设计出适用于实际（而非理想）卫生系统的疫苗。例如，如果卫生部不能接种多剂量疫苗，那么开发人员将会把精力集中在单剂量疫苗的研发上。根据疫苗已挽回的伤残调整寿命年数向开发者支付奖金的风险在于，卫生部可能会以高效分发产品为条件，试图从开发者那里获取优惠。如果开发者们一开始就预料到了这一点，他们可能就不愿意进行投资了。

单纯按照所需剂量数或疫苗功效等技术标准来支付奖金的做法将不会受到这个问题的影响。但是这么做仍有可能引起争议，比如在疗效的衡量方法上出现分歧。尽管最好能有一个可以进行精确调节的奖金支付系统，但它部署起来可能会很困难。鉴于潜在的项目出资者试图限制自身的财政义务，而疫苗研发者们又担心自己在投入研发资金后被裁决委员会占便宜，支付奖金可能既增加了出资者的预期成本，同时又没有增加疫苗研发者的预期收益。如前所述，要想促进开发者生产出更优产品，另一个方法是提议购买最好的可用产品。

随时间提高承诺价格

如果一个疫苗承诺的起点不是太高，由此推动的研究进展也较小，那么出资方或其他潜在的赞助者可以提高之前承诺的价格。如果仍然无法激发足够的研究，他们可以再次提高价格。这个过程与拍卖类似，在生产成本未知的情况下，拍卖通常是十分高效的采购机制。[1]

只要疫苗承诺的价格上涨速度不超过利率的增速，企业就不会压下自己已研发出来的产品。延迟产品销售会推迟企业的收益，因此必须以反映其资本成本的利率折现这些收益。即使价格的上涨速度略快于利率上涨速度，企业也不大可能会延迟疫苗的发布，因为竞争对手可能在此期间引入替代产品，而且如果开发商已经获得了疫苗的专利，延迟发布会消耗其专利期限。

克雷默（2001b）运用拍卖经济学理论中的技术表明，

1　还有一种做法是宣布如果在某个期限结束时尚未开发出疫苗，则价格会自动上涨。但是，最好让未来的决策者选择是否提高价格，因为在某些情况下，稳住价格上限是最佳选择。例如，如果生物学领域的整体技术进步降低了研制疫苗的预期成本，足以促使许多企业进行疫苗研发，那么就无需提高价格。

如果竞争企业众多，那么价格起点较低并随时间上涨的体系，将能以最接近成本底线的价格生产出产品。初始价格越高，疫苗或药物的研发速度就越快。除非参与产品研发竞争的企业非常少，否则提高价格增速就能加快研发速度。

出资者可能会希望建立一个系统来监测目标疫苗的研究进展，以便他们根据相关信息决定是否需要提高价格。要实现这一点，可以要求疫苗研究企业在裁决委员会进行登记并定期更新信息，如此才有资格享受担保价格。比如说，可以要求企业在进行疫苗的1期试验之前进行登记，以此作为以后获得承诺款项的条件。企业还可能希望与裁决委员会会面，以讨论资格规则的实施、委员会对某些技术规范豁免请求的看法等问题，因而愿意积极登记。应该要求独立裁决委员会将企业递交的信息视为机密。

避免重复注资

拉动计划的发起者或许会有这种担心：该计划可能会给本就获得了充足的推动项目资金且即将研发出疫苗的开发商带来一笔横财。如果出现这种情况，拉动计划的出资者可以声明，若在该拉动计划公布之前，相关企业已经获得了推动项目资金，则获胜者要用其在拉动计划中的部分收益来偿还自己此前已获得的部分或全部推动资金。另一方面，如果推动资金是在拉动计划公布之后分配的，则应由推动项目的出资者来决定，是否允许接受其资金支持的企业未来在拉动计划中分享其销售利润。

同样，如果在拉动计划发布时相关产品的研发已经先行一步了，那么出资者可能认为推进该产品剩下的研发进程不再需要那么多的资源。因此出资者可以为拉动计划开始前就已达到2期或3期试验水平的产品制定不同的付款时间表。

行 业 磋 商

在设计承诺时，行业磋商是十分关键的一步，与制药业高管探讨采购计划能否以及如何有效促进研究等问题非常有价值。但是，在解读这些讨论结果时，我们应牢记几个因素：

第一，一些企业（尤其是注重公关的大型企业）可能不愿承认，它们在对发展中国家所需产品做出研发决策时，经济考量是其中一个因素。制药商们不对杀死数百万人的疾病进行疫苗研发投资，而是投资利润更高的药物，这一点一直为人所诟病（西尔弗斯坦，1999）。因此制药业高管们可能不愿承认，他们之所以没有投资部分疫苗是因为他们觉得投资获利太少。对他们而言，以相关疫苗研发的科学前景较差为说辞显得更政治正确一些。

第二，如前所述，需要作出多大的承诺才能吸引企业投资的问题可能并不太好提出。企业不仅必须决定是否投资特定产品的研发，还必须决定投入的程度。市场越是有利可图，开发商就越是愿意探索更多的线索。

第三，制药业高管可能会将价格问题视为谈判的一部分，并可能因此抬高其估价——特别是当他们认为自己的要求之后将会被削减的时候。

第四，制药企业很可能会要求相关项目增加其利润，但却不增强其开发新产品的驱动力。具体而言，高管们可能会声称提高现有疫苗的价格是对他们最有用的驱动力。无论这么做是否真的能促使他们加大对其他地方的投入，他们显然都愿意抬高现有产品的价格。最后，致力于研究贫困国家所需疫苗或药物的科学家们，可能连想都没想过去创办生物技术公司或寻找投资者。但是如果他们认为此类产品会有很大的市场，则有可能会朝着这个方向推进。

鉴于他们可能还没花很多时间来思考这些挑战，因此他们的反应可能无法准确地指导其后期行为。由此一来，回顾企业过去对激励措施的反应记录就显得十分重要，阿西莫格鲁和林恩（2003）或芬克尔斯坦（2003）的例子印证了这一点。

　　第五，企业是千姿百态的。很多时候早期研究是由小型生物技术公司发起的，如果初期测试前景很好，接下来它们就会将相关技术授权给大型制药企业，以进行进一步开发。制药公司可能需要更大的市场机会来改变其企业战略。生物技术公司可能愿意进入较小的市场。例如，凯特勒（1999）指出，孤儿药的相关激励措施得到了生物技术公司（与大型制药公司相比）的热情回应。同样，一些制药公司可能比其他企业更具备承担疫苗项目的条件。将心思各异的企业的回答取平均值不是这一问题的正解，而应当思考：需要多大的市场规模才能扭转研发力量的前进方向（比如说疟疾疫苗）。诱使企业逐个进入市场的边际成本很重要。对于处于初期阶段的产品，可能最适合考虑优先吸引生物技术公司，之后再将技术卖给更大的公司。

第 11 章

承诺的范围

前文已经讨论了疫苗承诺的原理和设计思路。我们还可以使用类似的方法来促进从药物到抗病作物等其他产品的研发。在这里，我们将讨论疫苗承诺在处理影响低收入国家的其他疾病方面的潜力，并随后探讨能否用担保来鼓励药物、其他医学技术以及热带高效农业技术的研发。

覆盖哪些疾病？

在有充足预算的情况下，承诺可以涵盖多个针对任意疾病的疫苗。表2列出了主要影响低收入国家的疾病及其每年造成的死亡人数，这些疾病都有疫苗研发需求。

选择目标产品的一种方法是将重点放在针对杀死多数人、在贫困国家分布最集中且市场失灵最为严重的疾病的疫苗上。另一种选择是从一些研发难度较小的疫苗起步，以建立起疫苗承诺的信誉度，同时学习如何提高疫苗承诺的效率。随着人们对这种方法的了解越来越多，可以征集

表2　有疫苗需求的疾病造成的死亡人数

疾　　病	死亡数[1]（人）	百分比（%）
艾滋病	2 285 000	27.47
结核病	1 498 000	18.01
疟疾	1 110 000	13.34
肺炎球菌疾病[2]	1 100 000	13.22
轮状病毒[3]	800 000	9.62
志贺氏菌	600 000	7.21
肠毒性大肠杆菌	500 000	6.01
呼吸道合胞体病毒	160 000	1.92
血吸虫病	150 000	1.80
利什曼病	42 000	0.50
锥虫病	40 000	0.48
查格斯病	17 000	0.20
登革热	15 000	0.18
麻风病	2 000	0.02
总死亡数	8 319 000	100.00

注：1 死亡数字为估值，来自世界卫生报告（世界卫生组织，
　　 1999）。
　　 2 肺炎球菌疫苗已于2000年在美国获批使用，但需要在低
　　 收入国家进行测试，并可能需要对其进行改良。
　　 3 葛兰素史克（GSK）和默克（Merck）集团均有处于三阶
　　 试验中的疫苗。

来源：儿童疫苗倡议，儿童疫苗倡议论坛，1999年7月18日。

其他承诺，并将该计划扩展到其他疾病上。

疫苗、药物和其他技术

承诺的潜力不仅限于疫苗，还可以扩展到其他防治疾病的技术上，例如药物、诊断设备以及针对携带病毒的蚊子的杀虫剂等。涵盖广泛技术的好处在于，它将避免以牺牲其他疾病防治方法为代价而使研究向疫苗方向倾斜。

我们此前讨论过18世纪时英国政府为找到确定经度的方法而设立奖项的案例，这个例子说明应该设立相关条件以接纳各式各样的解决方案。科学界的大多数人曾认为确定经度的最佳途径是通过天文观测，然而最终胜出的解决方案靠的却是研发出了一款更精确的时钟。

但是，拉动方案只有在预先指定目标的情况下才能有效运作，且预先制订目标的难易程度因技术而异。例如，要奖励新的艾滋病病毒/艾滋病咨询技术的开发人员将会很困难。目前尚不清楚如何确定此类方案的效力、在不同人群中运用这些方案的潜力以及扩大规模的可行性。裁决委员会很容易因为此类计划所带来的影响而陷入纠纷之中。

另一方面，美国食品药品监督管理局或欧洲药品评价局等现有机构在鉴定疫苗及药物的安全性和有效性方面已具有较高信誉。因此，相对于疫苗的研发成本而言，浪费在行政管理和试图影响审判委员会上的资源可能很少。企业只有切实开发出通过了安全性和有效性测试的疫苗，才能申请获得该计划的资金。

显然，在疫苗和艾滋病病毒咨询这两种极端案例之间存在连续性。疫苗或许是对相关承诺的需求最大而管理难度最小的技术。疫苗的市场扭曲情况往往比药物市场更为严重。药物所带来的好处更加集中，因此更多的利益集团愿意为其发展和募资进行呼吁游说。由于药物远比疫苗更容易受到耐药性传播的影响，因此个体决定服用药物可能会产生负面（也有正面）的外部效应。最后，正如我们在第4章里讨论过的，制药商通常发现比起销售疫苗，销售药物可以更容易地挣到消费者的钱。

或许还可以用价格担保来鼓励药物研发，但是除了疫苗方案中出现的问题以外，相关计划还必须解决其他的难题。监管机构很少（如果有过的话）会批准具有重大副作用的疫苗，因为疫苗是给健康人接种的，即使没有疫苗接种计划，许多接种者也永远都不会得这种病。这也就是说如果疫苗承诺规定相关产品应获得监管部门的批准，那么就无需细说有关副作用的规则。相比之下，由于药物是给病人服用的，因此监管机构常常愿意批准具有明显副作用的药物。

　　某种具有高危副作用的抗疟疾药物，或许不值得让普通疟疾患者冒险，但它有可能适合用来治疗有耐药性的脑型疟疾。因此，药品购买承诺必须对与某类特定副作用相关的购买价格做出具体规定。疫苗所需的剂量数可以从总体人口数据中估算得到，而药物所需剂量数则要取决于病人自身和医疗服务提供者所做的多重决定。

　　鉴于大多数疾病已经存在某些针对性药物，因此药物承诺可能会面临资源浪费的风险：激励措施最终只推动研发出了略微优于现有药物的新疗法。由于药物比疫苗更可能产生抗药性，因此有时候新药（例如用于疟疾或结核病的新药）仅限对主流治疗药物有抗药性的患者使用。所以为新药提供补贴的项目可能会对其使用产生适得其反的影响。这些问题看上去是可以通过精心的方案设计得到解决的，但前提是必须先对它们进行仔细考量。

　　预先担保或许也可以用来鼓励其他产品的研发，比如说抗疟疾的杀虫剂。一款安全环保的杀虫剂可能是抗击疟疾的绝佳方法，但很难具体规定杀虫剂应达到哪些条件才有资格入选激励项目。虽然杀虫剂的管理由环境监管者负责，但与医学监管系统相比，环境监管系统通常没有那么完善，而且更容易受政治游说的影响。因此，为针对杀虫剂的拉动方案制定规则可能比针对疫苗或药物更难。这表明对这类技术而言，将重心放在推动方案上或许更为合适。

农业研发激励措施

热带农业创新市场面临着许多与疫苗市场相同的问题，因此这是另一个可以让拉动计划发挥重大作用的领域。[1]热带农业的研发需求与温带国家不同，这其中有多种原因，包括主要作物的类型不同、农业生态系统不同以及具有生态特异性的杂草与害虫——所有这些都属于一种更广泛的现象，即农业技术在生态区域内部比在生态区域之间更容易"溢出"（戴蒙德，1997）。然而，尽管发达国家的农业研发支出占农业GDP的2.39%，但这一数字在非洲撒哈拉以南地区仅有0.58%。私人农业研发的情况甚至比这还糟，针对低收入国家的相关项目几乎一个都没有。

1　本节内容着重引用了阿利克斯·兹瓦尼在《鼓励热带农业技术变革》（2003）一文中的观点。

热带农业研发与疫苗研发一样是一种全球公益事业，因此可能出现生产力不足的情况。阻碍研发者收回农业研发成本的主要市场失灵问题是种子转售的可能性。动植物都会进行繁殖，然而在发展中国家，农民不仅经常对种子进行重复使用，而且还会将其转卖到当地市场。这种做法压低了种子的价格，使新品种的研发者更难收回研发成本，因而打击了他们投资热带农业的积极性。

许多人提出，推动计划中的研究人员研发出的种子虽在试验地里有效，但在现实环境中表现欠佳，且缺乏农民较为重视的一些特性。一直以来，新技术在热带农业中的传播时常遇到困难（克里斯滕森，1994；卡尔，1989；国际热带农业研究所，2002；圣阿涅洛，2002）。

因此，需要将农业拉动计划的奖励与农民对相关技术的接受程度相挂钩。例如，可以按照农民播种新种子的公顷数向种子研发者付款。

在这样的拉动计划下，研究人员将会非常积极地在最大程度上提高产品的采用率，并为此在做出技术改进时将当地生态和实际耕种情况考虑在内。创新者还将有动力去迎合受众的需求、提高新粮食作物的口感和品相，并与国家农业研究系统合作改进，使种子适应当地需求。

　　更广泛来说，购买承诺或价格担保或许还可以用于刺激各种各样实用的研发。它们可以与专利系统、同行评审制度等其他研究激励工具一同使用。如果说疫苗承诺最切实和直接的成果是成功研发出新疫苗，那么它带来的另一项成果就是一种刺激研发的新工具。

　　当然，要想完善这一新工具可能需要时间和试验，就像专利或同行评审等机制是经过了一段时间才演变成目前的形式一样。那些支持着我们当今创新体系的不可或缺的机制需要时间和试错才能发展。例如，专利制度的起源可以追溯到中世纪由最高统治者授予的独家垄断权，针对的往往是无需研发的产品。自1790年第一部美国《专利法》出台以来，哪些内容可获得专利保护、谁可以申请专利、专利应持有多长时间等相关规则逐渐建立了起来。

　　历史上有一个关于同行评审早期起源的案例经常被人引用，讲的是西班牙医生弥贵尔·塞尔维特的故事。塞尔维特发表了一篇文章，指出血液通过肺从心脏的一侧流向另一侧，这一观点与当时被天主教会奉为真理的著名理论相矛盾。当时但凡有人提出其他假说都属于异端邪说，因此塞尔维特最终因为发现了肺循环而被烧死在火刑柱上，腰部还绑着他那本得罪人的书。

　　从那以后，同行评审的进展无疑取得了巨大的进步。据威勒（2001）描述，在二战之前，学术期刊的编辑们常常仅根据同事的随口建议就擅自做出所有决定，直到最近典范式的"一编辑加两审阅者"机制才得到普及（罗兰，2002）。范内瓦·布什等人通过游说，主张应该让科学家而非政府官员来进行科研评估，在他们的努力下，美国最终建立起了由联邦支持的同行评审机制的现代体系，用于决定联邦科学研究经费的分配。

　　与其他旨在鼓励创新的机制一样，购买承诺或价格担保法也需要时间和试验才能进化为最优设计。要提升这些作为研发激励工具的承诺，第一步是在一些研发激励措施不足且似乎很适合用拉动方法来填补缺陷的案例中尝试这一系统。

第 12 章

推进疫苗承诺

作为一种以市场为导向的机制，疫苗承诺能调动起私营部门的资源和创造力，来抗击那些杀死了世界最贫穷地区大量人民的疾病，因此它在意识形态领域具有相当大的吸引力。接下来，必须由有着充足资源的机构来发起具有法律约束力的承诺方案。理想情况下，疫苗承诺的设计将能吸引他人成为共同出资者。在推进疫苗承诺时，哪怕只有一个组织，也需要力量来克服官僚和财政方面的阻碍，因此疫苗承诺可以接受多方支援，但它仍需要一个组织来领导。在这个基础上，其他组织的支援可以更容易地落实到位。

许多政策领导人和组织都认可了疫苗承诺的概念。该想法由世界卫生组织（1996）讨论得出，并在1997年丹佛G8峰会上得到了国际艾滋病疫苗行动组织协调的多个组织的联合支持。世界卫生组织宏观经济与健康委员会2001年的报告建议，疫苗拉动方案可以采用购买承诺和扩大《孤儿药物法》适用范围这两种形式（宏观经济与健康委员会，

2001）。

在英国，发展部前部长克莱尔·肖特和前财政大臣戈登·布朗都批准了疫苗承诺，英国内阁办公室还曾在一套广泛的防治传染病措施中提议纳入一项预先购买承诺（PIU，2001）。此外，荷兰发展部前部长伊芙琳·赫夫肯斯（1999）和德国外交部前部长约施卡·菲舍尔都赞同这一理念。

克林顿政府曾提出一个针对艾滋病病毒、结核病和疟疾疫苗的拉动计划。时任财政部部长的拉里·萨默斯是该计划的一位重要倡导者。参议员比尔·弗里斯特、约翰·克里以及众议员南希·佩洛西、詹妮弗·邓恩在国会提出了包含这些条款的相关立法。截至本文撰稿时，克里有可能成为民主党总统候选人，参议员弗里斯特已经成为多数党领袖，众议员佩洛西则已经是众议院少数党党鞭，这意味着疫苗拉动倡议在两党内都有影响力较大的支持者。美国医学研究所的一个委员会也建议在美国实施针对疫苗的拉动方案（美国医学研究所，2003）。我们下文将要讨论的布什政府"生物盾"计划就通过一个权威的出资机构来起到拉动方案的作用，该计划旨在改进疫苗和药物以预防生化战争。

使承诺具有法律约束力

　　向前迈进的关键一步在于设计一个具有足够信誉度的承诺，在投资者将数百万美元投入研发之前为他们提供所需的保证。我们已经探讨了建立声誉的各种基本要素，例如设立一个受开发者信任的独立裁决委员会。然而还有一个关键性要素，那就是签订一份具有法律约束力的合同。法院往往会将设计得当的承诺解读为具有法律约束力的合同，相关历史记录和法律记载对此提供了有力证明（莫兰茨和斯隆，2001）。[1] 按照法院裁定，进行公开宣传的竞赛声明是具有法律约束力的合同，发起者须按其公开声明向获奖者付款（沙利文，1988）。若参赛者按比赛发起者的要求行动，则可判定其与发起人签订了一份具有约束力的有效合同。沙利文引述了许多案例，在这些案件中，试图在参赛者执行了发起者要求的行为之后通过更改规则来逃避责任的做法均被视为违反合同。瓦卡罗（1972）指出，一些广告对产品的特定购买价格做出了详细规定（比如产品

1　以下讨论以莫兰茨和斯隆 2001 年的著作为基础。

标识或具体产品数量），也具有法律约束力。

如果比赛流程中对比赛的裁判做了规定（在本例中为独立裁决委员会），那么只要裁判的裁决公正，其决定通常为最终决定。当比赛裁判是独立第三方时，法院通常会维持其决定作为最终裁决，除非该裁决有失公允，或裁判的行为超出了比赛规则所规定的权限。

20世纪60年代发生过一个特别有趣的先例，当时美国政府为了刺激国内生产，采用了一份锰矿石采购合同。作为国内锰收购计划的一部分，美国总务管理局（一个联邦行政机构）发布规定，表示愿意以担保的最低价格购买"符合适用法规中的具体规格的锰矿石"。在希法尔诉美国政府案〔《联邦判例汇编》（第二辑）第355卷第606页第209条，1966〕中，联邦索赔法院强制执行了这份单方合同。根据该合同，联邦政府同意以预定价格购买国内所有符合其合同规定条件的锰矿石。莫兰茨和斯隆（2001）指出，这一判决强有力地证明了即使遭到政府的反对，疫苗承诺也可以轻松得到执行。

鉴于可以签订具有法律约束力的合同，所以只要疫苗承诺的出资者有充足的资金来履行其义务，就不必将资金存入托管账户。因此，承诺的可信度取决于对合格标准、定价规则以及裁决索赔程序的具体规定。

　　一些评论者曾指出，即使签订了具有法律约束力的合同，出资者也可能有违背承诺的企图，而开发者可能会因为公众的潜在负面反响而无法提起诉讼。但是，当监管机构认定一款疫苗有效、裁决委员会做出了支持开发者的判决且发展中国家表达了疫苗购买意愿并愿意支付共付额之后，公众不太可能去谴责一个向违约的出资者索要补偿的疫苗开发者。

为疫苗和药物创造市场的政治学

　　拉动方案一个吸引人的特点在于它们为成果买单。尽管调查显示公众对外国援助持相当大的怀疑态度，但调查也表明，这是由于公众对外国援助的效果存有疑虑（国际政策态度项目，2001）。当被问到"你认为美国的外国援助，有多少最终能帮助到那些真正有需要的人"时，受访者给出的中间估值为10%（即认为有90%的外国援助没有送到那些其原本想帮助的人手上），58%的受访者表示，如果他们知道外国援助能帮到真正有需要的人而不是被官僚机构和腐败政府浪费掉，他们会更支持外国援助。对各国政府而言，保证向疫苗承诺提供外国援助有一个明显好处，那就是只有在取得实际成果的情况下才会花费资源，而且除非实际研制出可用疫苗，否则不需要任何费用。

尽管各方抱有广泛热情，但尚且没有疫苗承诺得以落地。其部分原因在于，目前还没有政治选民对这类承诺怀有浓厚兴趣。比起那些把政府经费拿来调动私人研发积极性的项目，外国援助项目和政府科学机构的管理者能从推动项目中赢得更多的预算和更大的影响力。

制药企业或许会欢迎疫苗承诺，但它们能从研发税收抵免等激励措施中更加直接地受益。外界可能期望制药公司成为疫苗承诺的坚定倡导者，但即便它们欢迎这样的项目，也不太可能为了游说该项目而花费政治资金。其部分原因在于拉动方案面向所有参与者开放，因此竞争非常激烈。老牌的制药公司往往更青睐推动资金或研发税收抵免政策（无论它们是否能生产出产品都能获得报酬）。制药公司也不愿承认自身的研发重心从根本上受到潜在市场规模的影响。尽管潜在利润会对研究造成影响似乎是显而易见的道理（实际上你可以说管理者有信托责任来确保情况如此），但制药公司担心如果外界认为其公司行为受到市场规模的影响，会将自己视为邪恶的获利者。最后，与富裕国家的市场规模相比，即使是价值数十亿美元的疫苗承诺也相形见绌，这说明拉动项目并不是制药行业的头等游说目标。而另一方面，生物技术公司对拉动计划的热情更加高涨，部分原因在于它们能从研发税收抵免政策中受益的几率较小。它们之所以没那么在意公共关系，某种程度上来说是因为其根基还不深，但同时它们的游说能力也较弱。

对于一些激进团体而言，比起倡导更好的私人研发激励机制，抨击制药企业所引起的关注度要更高。鉴于这些问题，要想推进疫苗承诺，我们需要政治力量的支持。

疫苗和药物新市场的潜在赞助者

疫苗购买承诺可以由私人基金会、工业化国家政府或如世界银行之类的多边机构来实施，也可以由它们共同实施。如何根据特定出资者的需求来量身定制购买方案？多个组织共同出资时应该如何协作？针对这些问题，我们在此提供了一些思路。在思考如何为一项承诺计划募资时，请牢记那些促成有效承诺的关键因素。具体来说，承诺（同时也包括出资者）必须具有较高的信誉度，并且在研发出疫苗后必须有能力履行其义务。此外，承诺的执行不应该干扰到其他用现有技术对抗疾病的活动。

▶ 私人基金会

私人基金会非常适合承担这项任务。因为私人基金会的领导连续性更强，所以比起政府，它们更容易做出可靠的未来疫苗采购承诺。基金会也不太容易受到利益集团冲突的牵制。但另一方面，只有少数私人基金会有资源来独立承担对艾滋病、结核病或疟疾等复杂疾病的承诺。

美国法律要求美国私人基金会每年至少应花费其资产的5%，这天然地促进了"推动"与"拉动"的疫苗研发激励方式的结合。基金会可以每年支出5%的资产作为补助金，以扩大现有疫苗的使用并投资新疫苗的早期研究。与此同时，基金会还可以这样运用其资金：承诺若开发出一款疫苗，它将以利润可观的价格购买大量疫苗并将其分发到低收入国家。

▶ 各国政府

各国政府也可以在新疫苗购买承诺的投资中发挥重要作用。英国显然是个合适的选择，因为英国内阁办公室已经在抗击传染病的系列措施中提出了一项预先购买承诺（PIU，2001）。

　　美国是另一个潜在的赞助者，"生物盾项目"可能就是一个先例。生物盾计划是乔治·W.布什政府反恐议程的一部分，该计划旨在加强对生化战争的防御，其中包括加快医疗对策研发的方法。该计划还留出了约60亿美元，用于在未来10年内改进针对天花、炭疽和肉毒杆菌毒素的疫苗和药物。这笔授权支出旨在发挥拉动计划的作用，因为它增加了政府购买相关药物（如果研发出来的话）的机会。美国传染病学会呼吁将生物盾计划应用到多种传染病的防治中，且该计划可能会扩展覆盖埃博拉和黑死病等病菌。然而，该计划的主要弱点在于政府并未承诺为特定的新疗法支付明确的价格，因此开发商仍然冒着风险，那就是事成之后政府提供的费用可能无法覆盖风险调整后的研发成本。

　　美国医学研究所发布的一份报告（2003）也认可了疫苗拉动机制（包括购买承诺）的重要性。

▶　世界银行

　　世界银行通过国际开发协会（IDA）提供的补贴贷款是支持拉动计划的另一个潜在渠道。然而，世界银行需要调整其贷款的标准模式才能满足疫苗承诺的需求。最重要的是，国际开发协会贷款的优先权通常仅在5年的时间范围内，且世界银行过去一直不愿为特定计划指定特定金额。但是开发新疫苗可能需要10年甚至更长的时间，私人投资者可能需要赞助商做出非常明确的承诺，才愿意承担疫苗研发所需的巨额投资风险。

还要注意的是，低于市场利率的国际开发协会贷款内含有约60%的补贴。由于购买疫苗的大部分费用花在了属于纯公共财产的研发成本上，因此面对60%的补贴，40%的共付额比例似乎太高了。

最好的选择是由世界银行开出具有法律约束力的条件：只要达到了世界银行预先设定的一系列要求（尤其是价格和功效），任何想要购买疫苗的成员国都可获得其提供的国际开发协会贷款。

世界银行只需按照国际开发协会的条款[1]来发放贷款，就可以为疫苗采购提供大额补贴。它还可以通过拨款的形式来抵销部分疫苗购买费用，从而进一步对贷款进行补贴（即减少受援国的共付额）。又或者，其他出资者（私人基金会或是他国政府）可以承诺"买下"用于购买疫苗的国

1　国际开发协会贷款有10年宽限期，利率为0%，期限为35年或40年。

际开发协会贷款。换句话说，它们可以给该会员国钱去偿
还贷款——就像在尼日利亚的"消除小儿麻痹症"运动中
那样。

　　这种购买方式有一个尤为吸引人的要素，那就是政府
或私人基金会当下可以向世界银行的信托基金存入期票，
但在开发出适用疫苗并发放用于采购的国际开发协会贷款
之前无需支付款项。在国家预算规则可以接受的情况下，
该承诺在提取资金之前可能不会计入政府支出。世界银行
和（或）其他出资者们也可能希望做出承诺，以补贴疫苗
的管理费用。

　　必须要让疫苗研发人员相信他们能够收回研发成本。
为了提供必要的保障，国际开发协会需承诺，一旦研发
出合格疫苗，对于任何符合国际开发协会资格且在本国
进行疫苗接种具有成本效益的国家，国际开发协会都不
会减少对这些国家其他项目的拨款。否则，由于各国一
年内可使用的国际开发协会信用额度受到限制，它们可
能不愿使用本国的国际开发协会资金按世界银行的承诺
价格购买疫苗。相反，各国可能试图用只覆盖制造成本
的价格购买疫苗，并将稀缺的国际开发协会信贷额度用
到其他项目上。

▶ 解决机构类出资者的担忧

指定资金用途

有时候为未来资源指定特定用途可能会带来不便，因为这样一来出资者就无法灵活地将资金分配到最需要的地方。例如，世界银行就拒绝在未来的国际开发协会贷款中预留一定比例用作教育资金，因为未来将这笔资金用在教育项目上是不是其最高效的使用方式，当下无法给出答案。这些人希望将来拥有足够的灵活度，能对所有可能的资金使用方式进行比较，而指定资金用途会限制这一点。但是从刺激疫苗研发的角度来说，指定资金用途显然很有必要，因为生物技术和制药企业不愿意在无法保障未来能收回投资的情况下进行适当的投资。打个比方，一般而言，对一个家庭在衣食住行上的未来资金分配抉择加以限制可能说不通，但是如果家里的房子需要换新屋顶，且家庭成员们希望雇用屋顶承包商来更换屋顶，那么他们就需要事先向承包商承诺会在完工后付款。同理，在当下向潜在的疫苗开发者作出付款承诺是有必要的，这样才能促使他们开始工作。

还有一点值得注意，那就是疫苗倡议与一般的指定用途政策不同，它需要包含一些条件以确保贷款启动后能产生成本效益。具体来说，放贷承诺应建立在疫苗切实有效，且相关疾病广泛流行（这样接种疫苗才有价值）的条件之上。预先设定的价格水平应以每花费一美元能挽救的生命数为标准，具有较高的成本效益。最后，这一承诺应该是非常明确的，并且就其本质而言，在几乎任何可预见的未来情况下，该承诺都将是抗击全球贫困过程中的一个重要事项。正如第 9 章中所述，在现实情况中，以担保价格购买疫苗的方法是我们手边最具成本效益的健康干预措施之一，以任何其他方式来使用同样的一笔资金，基本上都没有这种方法所挽救的生命多。

避免与当前的优先事项发生冲突

那些无法对未来资金作出可信承诺的机构可能面临着一种权衡：是为当下的优先事项提供资金，还是将资源投到拉动承诺之中。例如，比起等待一款疫苗诞生，抗击艾滋病、结核病和疟疾全球基金可能会决定现在先把钱用来采购蚊帐。但是，对于那些不打算花掉资产的私人基金会、将来可以提高税收收入的国家政府以及能通过先前的国际开发协会贷款偿付款来确保收入的世界银行等机构来说，不存在资金被承诺"占用"的情况。疫苗承诺的开支应按照资金实际支出的年份来纳入报表，并应与当年的其他项目资金进行竞争。

由于在拉动方案中，资金只有在成功研发出疫苗之后才会转手，因此购买新疫苗的投资承诺不会干扰到其他旨在以现有技术来克服疾病的项目。这样一来，像世界银行、美国政府或盖茨基金会之类的组织，就可以一边用今年的预算来预防艾滋病的传播、提高抗疟蚊帐的使用率或扩大现有疫苗的覆盖率，一边承诺将来会用其资源购买某款经证明有效的抗疟疾疫苗。正如我们所讨论的那样，疫苗支出能挽救的生命实际上比其他任何同类支出都要多。

项目应聚焦贫困

为这三种疾病购买疫苗的信贷承诺将密切关注那些最贫穷的国家。在去年死于艾滋病的230万人中有80%生活在非洲撒哈拉以南地区，而几乎90%的疟疾病例也都在非洲撒哈拉以南地区。结核病患者主要集中在非洲和南亚。在那些疾病负担较重，从而使得广泛接种疫苗具有成本效益的国家中，超过70%属于世界银行的低收入范畴，具备申请国际开发协会贷款的资格。在国家内部，相关项目也能较有针对性地造福人民。大多数医疗干预措施不合理地服务了大批富裕人口，但与其他医疗干预措施相比，疫苗更能造福穷人，因为其递送方式比其他干预措施更加高效，能覆盖更多不同收入群体。

► 多个出资方

一个疫苗承诺可以得到多个出资者的支持。可以由一个机构来构建必要的基础设施并做出初步承诺。其他人可以在之后各自做出承诺。初始承诺可以涵盖特定的疾病或国家，之后再通过后续承诺来扩大该计划。一些国家可能不愿在另一个出资国的控制之下加入疫苗承诺。因此，或许一开始就应该在程序中设立能够代表多方出资者的决策机构，哪怕最初只有一两个出资者做出了承诺。

又或者，不同的出资者可以通过价格担保的方式来保留足够的灵活度，以适应其自身的需求。我们可以通过一个假设案例来说明价格担保模式的灵活性：假设一家私人基金会同意，如果有人愿意为每个接种者提供2美元的共付额，那么基金会将再加10美元，让总价达到12美元。为了获得该私人基金会的支持，一国政府可以承诺支付所需共付额的一半。在此基础上，另一个国家政府可能愿意承诺将这12美元提高到15美元，但前提是这款疫苗能在该国获得使用许可。（此处的考虑在于，在某些情况下，赞助一

款不会在本国获批的疫苗不具备政治可行性。）这样一来，
潜在开发商就知道，他们将得到每个接种者15美元的价
格保证，如果研发出来的疫苗没有通过第二国的监管准则
的话，则为12美元。显然，价格保证结构具有足够的灵活
性，可以满足各种场景和不同出资者的需求。

包括世界银行、国家政府和比尔及梅琳达·盖茨基金
会之类的私人基金会等在内的许多组织，每一个都有足够
的资源来创建可靠的购买承诺，以此鼓励疫苗和药物研究。
这并不是一项轻松无虞的工作。但是目前每年有数百万人
死于疟疾、结核病和艾滋病等疾病，而针对这些疾病的私
人疫苗研究一直停滞不前，与维持这种现状相比，那些潜
在问题不值一提。

出资者可以做出针对这些疾病的疫苗购买承诺（如果
能研发出来的话），以此来调动私营部门在应对高收入国家
常见疾病时展示出的活力和创造力。如果在该承诺的推动
下最终未能研发出所需产品，则不会花费任何公共资金。
而一旦成功的话，就能以极低的成本每年挽救数百万条
生命。

参考文献

Acemoglu, Daron, and Joshua Linn. (2003). "Market Size in Innovation: Theory and Evidence from the Pharmaceutical Industry." National Bureau of Economic Research (NBER) Working Paper #10038.

Adams, Gregor, et al. (2001). "Consensus Statement on Antiretroviral Treatment for AIDS in Poor Countries." Available online at http://www.hsph.harvard.edu/organizations/hai/overview/news_events/events/consensus.html.

Ainsworth, Martha, Amie Batson, and Sandra Rosenhouse. (1999). "Accelerating an AIDS Vaccine for Developing Countries: Issues and Options for the World Bank." Mimeo, World Bank.

Anderson, Jim. (1989). "Plague of Mismanagement Infects Federal Agency's Malaria Project." *The Scientist* 3(14): 1.

Assis, A.M.O. et al. (1998). "*Schistosoma mansoni* Infection and Nutritional Status in Schoolchildren: A Randomized, Double-Blind Trial in Northeastern Brazil." *American Journal of Clinincal Nutrition* 68: 1247–1253.

Associated Press. (2003). "AIDS Vaccine Tested on Humans." October 3.

Attaran, Amir, and Lee Gillespie-White. (2001). "Do Patents for Antiretroviral Drugs Constrain Access to AIDS Treatment in Africa?" *Journal of the American Medical Association* 286(15): 1886–1892.

Aventis Pasteur. (2004). "Group A and C Meningococcal Infections." Available online at http://www.aventispasteur.com.

Bailey, Britt. (2001). "Think You Own Your Genes? Think Again." *San Francisco Chronicle*, March 29.

Bainbridge, William Sims. (2003). "Privacy and Property on the Net: Research

Questions." *Science* 302 (September): 1686–1687.

Balke, Nathan S., and Robert J. Gordon. (1989). "The Estimation of Prewar Gross National Product: Methodology and New Evidence." *Journal of Political Economy* February (97): 38–92.

Barbaro, Michael. (2004). "FluMist Offered Free to Public Health Agencies." *Washington Post*, January 21: E01.

Barner, Klaus. (1997). "Paul Wolfskehl and the Wolfskehl Prize." *Notes of the American Mathematical Society* 44(10): 1294–1303.

Batson, Amie. (1998). "Win-Win Interactions Between the Public and Private Sectors." *Nature Medicine* 4 (Supp.): 487–491.

Becerra, Mercedes, et al. (2000). "Multidrug-Resistant Tuberculosis: The Challenge of Eliminating Disparities in Incidence, Treatment, and Outcomes." American Public Health Association 128th Annual Meeting, Abstract #13691.

Bergquist, Robert. (2004). "Prospects for Schistosomiasis Vaccine Development." UNICEF-UNDP-World Health Organization Special Programme for Research and Training in Tropical Diseases.

Berndt, Ernst, Pia Bruce, Michael Kremer, and Georg Weizsacker. (2003). "Estimating the Required Volume of a Malaria Vaccine Commitment." Mimeo, Harvard University.

Bernstein, J., and M. I. Nadiri. (1991). "Product Demand, Cost of Production, Spillovers, and the Social Rate of Return to R&D." NBER Working Paper #3625.

Bernstein, J., and M. I. Nadiri. (1988). "Interindustry R&D, Rates of Return, and Production in High-Tech Industries." *American Economic Review* 78: 429–434.

Bishai, D., M. Lin, et al. (1999). "The Global Demand for AIDS Vaccines." Presented at 2nd International Health Economics Association Meeting, Rotterdam, June 2.

Black, R. E., et al. (2003). "Child Survival II: How Many Child Deaths Can We Prevent This Year?" *Lancet* 362, July 5.

Bloland, Peter B. (2001). "Drug Resistance in Malaria." Geneva: World Health Organization (WHO).

Bojang, Kalifa, et al. (2001). "Efficacy of RTS,S/AS02 Malaria Vaccine Against Plasmodium *Falciparum* Infection in Semi-immune Adult Men in The Gambia: a Randomized Trial." *Lancet*, 358: 1927–1934.

Borrus, Michael. (1992). "Investing on the Frontier: How the U.S. Can Reclaim High-Tech Leadership." *The American Prospect* 3(11): September 1.

Breman, J. G., A. Egan, and G. T. Keusch. (2001). "The Intolerable Burden of Malaria: a New Look at the Numbers." *American Journal of Tropical Medicine and Hygiene*, 64 (1–2 Supp.): iv–vii.

Brooks-Jackson, J., et al. (2003). "Intrapartum and Neonatal Single-Dose Nevirapine Compared with Zidovudine for Prevention of Mother-to-Child Transmission of HIV-1 in Kampala, Uganda: 18-month Follow-up of the HIVNET 012 Randomised Trial." *Lancet* 362: 859–867.

Brown, Geoffrey. (1990). "Aid Malaria Unit Acts to Regain Credibility as Probe Continues." *The Scientist* 4(5): 2.

Brown, Gordon. (2001). Speech given by Gordon Brown, Chancellor of the Exchequer, at the International Conference Against Child Poverty, London, February 26. Available online at http://www.hm-treasury.gov.uk/docs/2001/child_poverty/chxspeech.htm.

Carr, Stephen J. (1989). *Technology for Small-Scale Farmers in Sub-Saharan Africa: Experiences with Food Crop Production in Five Major Ecologic Zones.* Washington, D.C.: World Bank.

Centers for Disease Control. (2003). "Using Live, Attenuated Influenza Vaccination for Prevention and Control of Influenza." *Morbidity and Mortality Weekly Report* 52: RR13.

Centers for Disease Control. (2000). "Meningococcal Disease and College Students: Recommendations of the Advisory Committee on Immunization Practices." *MMWR Recommendations and Reports*, June 30: 11–20.

Centers for Disease Control. (1994). "Implementation of the Medicare Influenza Vaccination Benefit—United States, 1993." *Morbidity and Mortality Weekly Report* 43(42): 771–773.

Center for Global Development. (2004). "What's Worked: Accounting for Success in Global Health, Report of the What's Worked Working Group of the Global Health Policy Research Network." Washington, D.C.: Center for Global Development.

Center for Medicines Research International. (2001). "International Pharmaceutical R&D Expenditure and Sales 2001: Pharmaceutical Investment and Output Survey, Data Report I." Surrey, UK: Center for Medicines Research International.

Chaudhury, Nazmul, Jeff Hammer, Michael Kremer, Karthik Muraldhiran, and Halsey Rogers. (2004). "Teachers and Health Care Provider Absenteeism: A Multi-Country Study." World Bank. Unpublished.

Children's Vaccine Program. (2002). "The Case for Childhood Immunizations." Occasional Paper #5.

Chima, R., C. Goodman, and A. Mills. (2003). "The Economic Impact of Malaria in Africa: A Critical Review of the Evidence." *Health Policy* 63(1): 17–36.

Christensen, Cheryl. (1994). "Agricultural Research in Africa: A Review of USAID Strategies and Experience." *SD Publication Serie*s, Technical Paper No. 3. USAID Office of Sustainable Development, Bureau for Africa.

CNNfn. (1998). "Merck Slashes Zocor Price." May 1.

Cohen, Linda, and Roger Noll. (2001). *The Technology Pork Barrel.* Washington, D.C.: Brookings Institution.

Commission on Macroeconomics and Health (CMH). (2001). "Macroeconomics and Health: Investing for Health." Available online at http://www.cid.harvard.edu/cidcmh/CMHReport.pdf.

Connelly, Patrick. (2002). "The Cost of Treating HIV/AIDS with ARVs in South Africa: Who Knows? Who Cares?" Presented at the International AIDS Economics Network Symposium, Barcelona.

Coombe, C. (2000a). "Keeping the Education System Healthy: Managing the Impact of HIV/AIDS on Education in South Africa." *Current Issues in Comparative Education* 3(1). Available online at http://www.tc.columbia.edu/cice/articles/cc131.htm.

Coombe, C. (2000b). "Managing the Impact of HIV/AIDS on the Education Sector." University of Pretoria, Centre for the Study of AIDS. Available online at http://www.csa.za.org/filemanager/fileview/18/.

Crofton, John, Pierre Chaulet, and Dermot Maher. (2003). *Guidelines for the Management of Drug-Resistant Tuberculosis.* Geneva: WHO Global Tuberculosis Programme.

Das, Jishnu. (2000). "Do Patients Learn About Doctor Quality?: Theory and an Application to India." Manuscript, Harvard University.

Davies, Kevin. (2001). *Cracking the Genome: Inside the Race to Unlock Human DNA.* New York: Free Press.

De Cock, K. M., et al. (2000). "Prevention of Mother-to-Child HIV Transmission in Resource Poor Countries: Translating Research Into Policy and Practice." *Journal of the American Medical Association* 283: 1175–1182.

Department for International Development (UK). (2000). "Shaping Globalisation to Benefit All—Better Health for the Poor and Global Public Goods." Speech by Clare Short, October 19. Available online at http://www.dfid. gov.uk/public/news/press_frame.html.

Desowitz, Robert S. (1997). *Who Gave Pinta to the Santa Maria? Torrid Diseases in a Temperate World*. New York: W.W. Norton.

Desowitz, Robert S. (1991). *The Malaria Capers: Tales of Parasites and People*. New York: W. W. Norton.

Diamond, Jared. (1997). *Guns, Germs, and Steel*. New York: W.W. Norton.

DiMasi, Joseph, et al. (2003). "The Price of Innovation: New Estimates of Drug Development Costs." *Journal of Health Economics* 22: 151–185.

DiMasi, Joseph, et al. (1991). "Cost of Innovation in the Pharmaceutical Industry." *Journal of Health Economics* 10(2): 107–142.

Dupuy, J. M., and L. Freidel. (1990). "Viewpoint: Lag between Discovery and Production of New Vaccines for the Developing World." *Lancet* 336: 733–734.

Economist. (2003a). "AIDS Vaccine: Better Luck Next Time." March 1.

Economist. (2003b). "Vaccines Against Bioterrorism: Who Will Build Our Biodefences?" February 1.

Economist. (2002). "Imitation v Inspiration." September 12.

Economist. (2001). "The Right to Good Ideas." June 21.

Elliott, Larry, and Mark Atkinson. (2001). "Fund to Beat Third World Disease." *Guardian*, February 23.

Falkman, Mary Ann. (1999). "Metal Cans Still Preserve, Protect, and Provide Convenience." *Packaging Digest*, November: 64.

Fauci, Anthony. (2003). "HIV and AIDS: 20 Years of Science." *Nature Medicine* 9(7): 839–844.

Financial Times. (2000). "Discovering Medicines for the Poor." February 2: 7.

Finkelstein, Amy. (2003). "Health Policy and Technological Change: Evidence From the Vaccine Industry." Mimeo, Harvard University.

Fogel, R.W. (2002). "Nutrition, Physiological Capital, and Economic Growth." Pan American Health Organization and Inter-American Development Bank. Available online at http://www.paho.org/English/HDP/HDD/fogel.pdf.

Galambos, Louis. (1995). *Networks of Innovation: Vaccine Development at*

Merck, Sharp & Dohme, and Mulford, 1895–1995. Cambridge: Cambridge University Press.

Gallup, John, and Jeffery Sachs. (1998). "The Economic Burden of Malaria." Working Paper, Harvard Institute for International Development. Available online at http://www.hiid.harvard.edu.

Gingrich, Newt. (2002). "Dangle Prizes, Solutions Will Follow." *USA Today*, January 21.

Glennerster, Rachel, and Michael Kremer. (2001). "A Vaccine Purchase Commitment: Preliminary Cost-effectiveness Estimates and Pricing Guidelines." Unpublished.

Glennerster, Rachel, and Michael Kremer. (2000). "A World Bank Vaccine Commitment." Brookings Policy Brief 57.

Global Alliance for Vaccines and Immunization (GAVI). (2004). "Health, Immunization, and Economic Growth, Research Briefing #2, Vaccines are Cost-effective: A Summary of Recent Research." Available online at http://www.vaccinealliance.org.

Global Forum for Health Research. (2002). *The 10/90 Report on Health Research 2001–2002.* Geneva, Switzerland.

Global Health Council. (2003). "U.S. Coalition for Child Survival, State of Child Survival." Available online at http://www.child-survival.org/stateof.html.

Grabowski, Henry. (2003). "Increasing R&D Incentives for Neglected Diseases—Lessons from the Orphan Drug Act." Mimeo, Duke University.

Grabowski, Henry, John Vernon, and Joseph DiMasi. (2002). "Returns on R&B for New Drug Introductions in the 1990s." Duke University Department of Economics, working paper.

Griliches, Zvi. (1957). "Hybrid Corn: An Exploration in the Economics of Technological Change." *Econometrica* 25: 501–522.

Groseclose, Timothy. (2002). "GreenWorld and Energy Efficiency Standards." Mimeo, Stanford Graduate School of Business.

Guay, Laura A., et al. (1999). "Intrapartum and Neonatal Single-Dose Nevirapine Compared with Zidovudine for Prevention of Mother-to-Child Transmission of HIV-1 in Kampala, Uganda: HIVNET 012 Randomised Trial." *Lancet* 354 (9181): 795–802.

Guell, Robert C., and Marvin Fischbaum. (1995). "Toward Allocative Efficiency in the Prescription Drug Industry." *Milbank Quarterly* 73: 213–229.

Gupta, Rajesh, Alexander Irwin, Mario C. Raviglione, and Jim Yong Kim. (2004). "Scaling-up Treatment for HIV/AIDS: Lessons Learned from Multidrug-Resistant Tuberculosis." *Lancet* 363: 320–324.

Hall, Andrew J., et al. (1993). "Cost-effectiveness of Hepatitis B Vaccine in The Gambia." *Transactions of the Royal Society of Tropical Medicine and Hygiene* 87: 333–336.

Hall, Bronwyn. (1993). "R&D Tax Policy During the Eighties: Success or Failure?" *Tax Policy and the Economy* 7: 1–36.

Haseltine, William. (2001). "Beyond Chicken Soup." *Scientific American*, November.

Hayami, Yujiro, and Vernon Ruttan. (1971). *Agricultural Development: An International Perspective*. Baltimore: Johns Hopkins University Press.

Hayward, Andrew, and Richard Coker. (2000). "Could a Tuberculosis Epidemic Occur in London As It Did in New York?" U.S. Centers for Disease Control, *Emerging Infectious Diseases* 6(1).

Henkel, John. (1999). "Orphan Drug Law Matures Into Medical Mainstay." *FDA Consumer Magazine*, May-June. Available online at http://www.fda. gov/fdac/features/1999/399_orph.html.

Herfkens, Eveline. (1999). "Strategies for Increasing Access to Essential Drugs: The Need for Global Commitment." Presentation at the Conference for Increasing Access to Essential Drugs in a Globalised Economy, Amsterdam, The Netherlands, November 25–26.

Hilts, Philip. (1994). "U.S. Plans Deep Cuts in Malaria Vaccine Program." *New York Times*, February 13, p. 17.

Himfar, Albert W. v. United States. (1966). 355 F.2d 606; 174 Ct. Cl. 209.

Hoffman, Stephen L. (Ed.). (1996). *Malaria Vaccine Development: A Multiimmune Response Approach*. Washington, D.C.: American Society for Microbiology.

International Institute of Tropical Agriculture. (2002). *Annual Report*.

Jackson, J. Brooks, et al. (2003). "Intrapartum and Neonatal Single-dose Nevirapine Compared with Zidovudine for Prevention of Mother-to-child Transmission of HIV-1 in Kampala, Uganda: 18-month Follow-up of the HIVNET 012 Randomised Trial." *Lancet* 362(9387): 859–867.

Jaiswal, A., et al. (2003). "Adherence to Tuberculosis Treatment: Lessons from the Urban Setting of Delhi, India." *Tropical Medicine and International Health* 8(7): 625.

Jamison, Dean T., et al. (2001). "Cross-Country Variation in Mortality Decline, 1962–1987: The Role of Country-Specific Technical Progress." Commission on Macroeconomics and Health Working Paper No. WG1:4, April. Available online at http://www.cmhealth.org/docs/wg1_paper4.pdf.

Jamison, Dean T., et al. (1993). *Disease Control Priorities in Developing Countries*. New York: Published for the World Bank [by] Oxford University Press.

Jha, P., et al. (2001). "Reducing HIV Transmission in Developing Countries." *Science* 292(5515): 224–225.

Johnston, Louis, and Samuel H. Williamson. (2002). "The Annual Real and Nominal GDP for the United States, 1789–Present." Economic History Services, April. Available online at http://www.eh.net/hmit/gdp/.

Johnston, Mark, and Richard Zeckhauser. (1991). "The Australian Pharmaceutical Subsidy Gambit: Transmitting Deadweight Loss and Oligopoly Rents to Consumer Surplus." NBER Working Paper #3783.

Jordan, William S., Jr. (1994). "Commission on Acute Respiratory Diseases Incorporating Three Other Commissions." In Theodore E. Woodward (ed.), *The Armed Forces Epidemiological Board: The Histories of the Commissions*, 63–67. Washington, D.C.: Borden Institute.

Jukes, M. C., et al. (2002). "Heavy Schistosomiasis Associated with Poor Short-Term Memory and Slower Reaction Times in Tanzanian Schoolchildren." *Tropical Medicine International Health* 7(2): 104–117.

Kakar, D. N. (1988). *Primary Health Care and Traditional Medical Practitioners*. New Delhi: Sterling Publishers.

Kamat V. R., and M. Nichter. (1998). "Pharmacies, Self-Medication and Pharmaceutical Marketing in Bombay, India." *Social Science and Medicine* 47(6): 779–794.

Katz, M. H., et al. (2002). "Impact of Highly Active Antriretroviral Treatment on HIV Seroincidence Among Men Who Have Sex With Men: San Francisco." *American Journal of Public Health* 92(3): 388–394.

Kelly, M. J. (2000). "Planning for Education in the Context of HIV/AIDS." Paris: UNESCO, International Institute for Educational Planning.

Kettler, Hannah E. (1999). "Updating the Cost of a New Chemical Entity." London: Office of Health Economics.

Kilbourne, Edwin D., and Nancy H. Arden. (1999). "Inactive Influenza Vaccines." In Stanley A. Plotkin and Walter A. Orenstein (eds.), *Vaccines, 3rd ed.*

Philadelphia: W. B. Saunders.

Kim-Farley, R., and the Expanded Programme on Immunization Team. (1992). "Global Immunization." *Annual Review of Public Health* 13: 223–237.

Kremer, Michael. (2002). "Pharmaceuticals and the Developing World." *Journal of Economic Perspectives* 16(4): 67–90.

Kremer, Michael. (2001a). "Creating Markets for New Vaccines: Part I: Rationale." In Adam B. Jaffe, Josh Lerner, and Scott Stern (eds.), *Innovation Policy and the Economy, Vol. 1.* Cambridge: MIT Press.

Kremer, Michael. (2001b). "Creating Markets for New Vaccines: Part II: Design Issues." In Adam B. Jaffe, Josh Lerner, and Scott Stern (eds.), *Innovation Policy and the Economy, Vol. 1.* Cambridge: MIT Press.

Kremer, Michael. (1998). "Patent Buyouts: A Mechanism for Encouraging Innovation." *Quarterly Journal of Economics* 113(4): 1137–1167.

Kremer, Michael, and Christopher Snyder. (2003). "Are Drugs More Profitable Than Vaccines?" NBER Working Paper #9833.

Kremer, Michael, and Alix Peterson Zwane. (2003). "Encouraging Technical Change in Tropical Agriculture." Unpublished.

Kurian, George Thomas. (1994). Datapedia of the United States 1790–2000. Lanham, MD: Bernan Press.

Lanjouw, Jean O. (1996). "The Introduction of Pharmaceutical Product Patents in India: 'Heartless Exploitation of the Poor and Suffering?'" NBER Working Paper #6366.

Lanjouw, Jean O., and Iain Cockburn. (2001). "New Pills for Poor People?: Empirical Evidence After GATT." *World Development* 29(2): 265–289.

Lichtmann, Douglas G. (1997). "Pricing Prozac: Why the Government Should Subsidize the Purchase of Patented Pharmaceuticals." *Harvard Journal of Law and Technology* 11(1): 123–139.

Malcolm, A., et al. (1998). "HIV-related Stigmatization and Discrimination: Its Forms and Contexts." *Critical Public Health* 8(4): 347–370.

Mansfield, Edwin, et al. (1977). *The Production and Application of New Industrial Technology.* New York: W. W. Norton.

Marseilles, E., et al. (1999). "Cost-Effectiveness of Single Dose Nevirapine Regimen for Mothers and Babies to Decrease Vertical HIV-1 Transmission in Sub-Saharan Africa." *Lancet* 354: 803–809.

McGarvey, S. T. (1992). "Nutritional Status and Child Growth in Schistosomiasis." *Rhode Island Medicine* 75(4): 187–190.

McGarvey, S. T., et al. (1996). "Schistosomiasis japonica and Childhood Nutritional Status in Northeastern Leyte, the Philippines: A Randomized Trial of Praziquantel versus Placebo." *American Journal of Tropical Medicine and Hygiene* 48(4): 547–553.

McNeil, Donald. (2004). "Plan to Bring Generic AIDS Drugs to Poor Nations." *New York Times*, April 6: F06.

McQuillan, Lawrence. (1999). "U.S. Vows to U.N. to Make Vaccines More Affordable." *USA Today*, September 22: 6A.

Mercer Management Consulting. (1998). "HIV Vaccine Industry Study October–December 1998." World Bank Task Force on Accelerating the Development of an HIV/AIDS Vaccine for Developing Countries.

Merck Pharmaceuticals. (1999). *Annual Report.*

Milstien, Julie B., and Amie Batson. (1994). "Accelerating Availability of New Vaccines: Role of the International Community." Global Programme for Vaccines and Immunization. Available online at http://www.who.int/gpv-supqual/accelavail.htm.

Mitchell, Violaine S., Nalini M. Philipose, and Jay P. Sanford. (1993). *The Children's Vaccine Initiative: Achieving the Vision.* Washington, D.C.: National Academy Press.

Moody's Investors Service. (2001). *Moody's Industrial Manual.*

Moorthy, Vasee, Michael Good, and Adrian Hill (2004). "Malaria Vaccine Developments." *Lancet* 363: 150–156.

Morantz, Alison, and Robert Sloane. (2001). "Vaccine Purchase Commitment Contract: Legal Strategies for Ensuring Enforcibility." Mimeo, Harvard University.

Mukherjee, Joia, et al. (2004). "Programmes and Principles in Treatment of Multidrug-Resistant Tuberculosis." *Lancet* 363: 474–481.

Muraskin, William A. (1995). *The War Against Hepatitis B: a History of the International Task Force on Hepatitis B Immunization.* Philadelphia: University of Pennsylvania Press.

Murray, Chirstopher J. L., et al. (2001). *The Global Burden of Disease 2000 Project: Aims, Methods, and Data Sources.* Geneva: WHO.

Murray, Christopher J. L., and Alan D. Lopez. (1996a). "The Global Burden of Disease: a Comprehensive Assessment of Mortality and Disability from Diseases, Injuries, and Risk Factors in 1990 and Projected to 2020." *Global Burden of Disease and Injury series, vol. 1.* Cambridge, MA: Harvard School of Public Health on behalf of the World Health Organization and the World

Bank, Harvard University Press.

Murray, Christopher J. L., and Alan D. Lopez. (1996b). "Global Health Statistics: A Compendium of Incidence, Prevalence, and Mortality Estimates for Over 200 Conditions." *Global Burden of Disease and Injury Series, vol. 2.* Cambridge, MA: Harvard School of Public Health on behalf of the World Health Organization and the World Bank, Harvard University Press.

Nabel, G. J. (2001). "Challenges and Opportunities for Development of an AIDS Vaccine." *Nature* 410: 1002–1007.

Nadiri, M. Ishaq. (1993). "Innovations and Technological Spillovers." NBER Working Paper #4423.

Nadiri, M. Ishaq, and Theofanis P. Mamuneas. (1994). "The Effects of Public Infrastructure and R&D Capital on the Cost Structure and Performance of US Manufacturing Industries." *Review of Economics and Statistics* 76: 22–37.

National Academy of Sciences. (1996). "Vaccines Against Malaria: Hope in a Gathering Storm." National Academy of Sciences Report. Available online at http://www.nap.edu.

National Institutes of Health. (2003). Office of Financial Management. Available online at http://www4.od.nih.gov/officeofbudget/FundingResearchAreas.htm.

Neumann, Peter J., Eileen Sandberg, Chaim A. Bell, Patricia W. Stone, and Richard H. Chapman. (2000). "Are Pharmaceuticals Cost-Effective? A Review of the Evidence." *Health Affairs*, March–April.

Nichter, Mark. (1982). "Vaccinations in the Third World: A Consideration of Community Demand." *Social Science and Medicine* 41(5): 617–632.

Nichter, Mark, and Mimi Nichter. (1996). *Anthropology and International Health: Asian Case Studies.* Amsterdam: Gordon and Breach.

Over, Mead, Peter Heywood, Sudhakar Kurapati, et al. (2003). "Integrating Antiretroviral Therapy and HIV Prevention in India: Costs and Consequences of Policy Options." Mimeo, World Bank PATH (Program for Appropriate Technology in Health). Available online at http://www.path.org.

Page-Shafer, K. A., et al. (1999). "Increases in Unsafe Sex and Rectal Gonorrhea Among Men Who Have Sex With Men—San Francisco, California, 1994–1997." *Morbidity and Mortality Weekly Report* 48(3): 45–48.

Paterson, D. L., S. Swindells, et al. (2000). "Adherence to Protease Inhibitor Therapy and Outcomes in Patients with HIV Infection." *Annals of Internal Medicine* 133(1): 21–30.

Pecoul, Bernard, Pierre Chirac, Patrice Trouiller, and Jacques Pinel. (1999). "Access to Essential Drugs in Poor Countries: A Lost Battle?" *Journal of the American Medical Association* 281(4): 361–367.

Pelosi, Nancy. (2000). "Pelosi Rises in Opposition to H.R. 2614- The Republican Tax Cut / BBA Giveback Package" [Floor Statement, U.S. House of Representatives]. October 26.

Performance and Innovation Unit, Cabinet Office (PIU). (2001). "Tackling the Diseases of Poverty: Meeting the Okinawa/Millenium Targets for HIV/AIDS, Tuberculosis, and Malaria." Available online at http://www.cabinet-office.gov.uk/innovation/healthreport/default.htm.

Phadke, Anant. (1998). *Drug Supply and Use: Towards a Rational Policy in India*. New Delhi: Sage Publications.

PhRMA. (2000a). PhRMA Industry Profile 2000. Available online at http://www.phrma.org/publications/publications/profile00/.

PhRMA. (2000b). PhRMA Annual Survey 2000. Available online at http://www.phrma.org/publications/industry/profile99/index.html.

PhRMA. (1999). PhRMA Industry Profile 1999. Available online at http://www.phrma.org/publications/publications/profile00/tof.phtml.

Program on International Policy Attitudes (PIPA). (2001). "Americans on Foreign Aid and Hunger: A Study of U.S. Public Attitudes." Available online at http://www.pipa.org/OnlineReports/BFW/toc.html.

Preston, Samuel H. (1975). "The Changing Relation between Mortality and Level of Economic Development." *Population Studies* 2: 231–248.

Program on International Policy Attitudes (PIPA). (2001). "Americans on Foreign Aid and Hunger: A Study of U.S. Public Attitudes." Available online at http://www.pipa.org/OnlineReports/BFW/toc.html.

Public Citizen. 2002. *America's Other Drug Problem: A Briefing Book on the Rx Drug Debate*. Washington, D.C.: Public Citizen.

Reiffen, David, and Michael Ward. (2002). "Generic Drug Industry Dynamics." Mimeo, University of Texas at Arlington.

Reuters. (2003a). "Roche Cuts AIDS Drug Price Following Protest." February 13. Available online at http://www.reuters.com.

Reuters. (2003b). "Pfizer Announces Potential Malaria Discovery." June 17. Available online at http://www.reuters.com.

Rhodes, Richard. (1988). *The Making of the Atomic Bomb*. New York: Simon & Schuster.

Robbins, Anthony, and Phyllis Freeman. (1988). "Obstacles to Developing Vaccines for the Third World." *Scientific American* (November): 126–133.

Robbins-Roth, Cynthia. (2000). *From Alchemy to IPO: The Business of Biotechnology*. Cambridge, MA: Perseus Publishing.

Rogerson, William P. (1994). "Economic Incentives and the Defense Procurement Process." *Journal of Economic Perspectives* 8(4): 65–90.

Rosenhouse, S. (1999). "Preliminary Ideas on Mechanisms to Accelerate the Development of an HIV/AIDS Vaccine for Developing Countries." Mimeo, World Bank.

Rosenthal, Meredith B., Ernst R. Berndt, Julie M. Donohue, Arnold E. Epstein, and Richard G. Frank. (2003). "Demand Effects of Recent Changes in Prescription Drug Promotion." In D. M. Cutler and A. M. Gardner (eds.), *Frontiers in Health Policy Research*, Volume 6. Cambridge, MA: NBER.

Rowland, Fytton. (2002). "The Peer Review Process." *Learned Publishing* 15: 247–258.

Russell, Philip K. (1998). "Mobilizing Political Will for the Development of a Safe, Effective and Affordable HIV Vaccine." NCIH Conference on Research in AIDS.

Russell, Philip K. (1997). "Economic Obstacles to the Optimal Utilization of an AIDS Vaccine." *Journal of the International Association of Physicians in AIDS Care*, September.

Russell, Philip K., et al. (1996). *Vaccines Against Malaria: Hope in a Gathering Storm*. Washington, D.C.: National Academy Press.

Sachs, Jeffrey. (1999). "Sachs on Development: Helping the World's Poorest." *Economist* 352(8132): 17–20.

Sachs, Jeffrey, and Michael Kremer. (1999). "A Cure for Indifference." *Financial Times*, May 5.

Salkever, David S., and Richard G. Frank. (1995). "Economic Issues in Vaccine Purchase Arrangements." NBER Working Paper #5248.

Sandahl, Linda, et al. (1996). "Process Evaluation of the Super Efficient Refrigerator Program." U.S. Department of Energy.

Santaniello, V. (2002). "Biotechnology and Traditional Breeding in Sub-Saharan Africa." In T. M. Swanson (ed.), (*Biotechnology, Agriculture, and the Developing World: The Distributional Implications of Technological Change*), pp. 230–246. Northampton: Edward Elgar Publishing, Inc.

Sazawal, S., and R. E. Black. (2003). "Effect of Pneumonia Case Management on Mortality in Neonates, Infants, and Children: A Meta-analysis of Community Based Trials." *Lancet* 3: 547–557.

Sazawal, S., and R. E. Black. (1992). "Meta-analysis of Intervention Trials on Case-Management of Pneumonia in Community Settings." *Lancet* 340: 528–533.

Schmookler, Jacob. (1966). *Innovation and Economic Growth.* Cambridge, MA: Harvard University Press.

Scotchmer, Suzanne. (1999). "On the Optimality of the Patent Renewal System." *RAND Journal of Economics,* Summer, 30(2): 181–196.

Scott Morton, Fiona M. (1999). "Entry Decisions in the Generic Pharmaceutical Industry." *RAND Journal of Economics* 30(3): 421–440.

Shavell, Steven, and Tanguy van Ypserle. (1998). "Rewards Versus Intellectual Property Rights." Mimeo, Harvard Law School.

Shepard, D. S., et al. (1991). "The Economic Cost of Malaria in Africa." *Tropical Medicine and Parasitology* 42: 199–203.

Shi, Ya Ping. (1999). "Immunogenicity and In Vitro Protective Efficacy of a Recombinant Multistage Plasmodium *Falciparum* Candidate Vaccine." *Proceedings of the National Academy of Science* 96: 1615–1620.

Shulman, Sheila R., and Michael Manocchia. (1997). "The U.S. Orphan Drug Programme: 1983–1995." *Pharmacoeconomics* 12(3): 312–326.

Siebeck, W., R. Evenson, W. Lesser, and C. Primo Braga. (1990). "Strengthening Protection of Intellectual Property in Developing Countries: A Survey of the Literature." World Bank Discussion Paper 112, Washington D.C.

Silverstein, Ken. (1999). "Millions for Viagra, Pennies for Diseases of the Poor." *The Nation* 269(3): 13–19.

Simons, Eric. (2003). "1927: Charles Lindbergh Crosses the Atlantic, Solo." *TriValley Herald,* December 12.

SmithKline Beecham. (1999). *Annual Report.*

Sobel, Dava. (1995). *Longitude.* New York: Walker and Company.

Spier, Ray. (2002). "The History of the Peer-Review Process." *TRENDS in Biotechnology* 20(8): 357–358.

Stephenson, L. (1993). "The Impact of Schistosomiasis on Human Nutrition." *Parasitology* 107 (supplement): S107–123.

Stern, Scott (with J. Gans). (2000). "Incumbency and R&D Incentives: Licensing the Gale of Creative Destruction." *Journal of Economics and Management Strategy* 9(4): 485–511.

Sternberg, Steve. (2003). "Health Agencies, Drug Company Team to Fight Tuberculosis." *USA Today,* June 4.

StopTB Partnership. (2002). *Basic Facts on TB: Stop TB, Fight Poverty.* March.

Sullivan, Michael P. (1988). "Private Contests and Lotteries: Entrants' Rights and Remedies." *American Law Reports, ALR* 4th 64.

Suozzo, M., and S. Nadal. (1996). "Learning the Lessons of Market Transformation Programs." In *Proceedings of the 1996 Summer Study on Energy Efficiency in Buildings*, 2.195–2.206.

Targett, GAT. (Ed.). (1991). *Malaria: Waiting for the Vaccine. London School of Hygiene and Tropical Medicine First Annual Public Health Forum.* New York: John Wiley and Sons.

Taylor, Curtis R. (1995). "Digging for Golden Carrots: An Analysis of Research Tournaments." *American Economic Review* (September), 85: 872–890.

Thurman, Sandra. (2001). "Joining Forces to Fight HIV and AIDS." *The Washington Quarterly* 24(1): 191–196.

Towse, Adrian, and Hannah Kettler. (2003). "Advance Purchase Commitments to Tackle Diseases of Poverty: Lessons from Three Case Studies." Mimeo, Office of Health Economics.

UNAIDS. (2002a). *AIDS Epidemic Update.* December.

UNAIDS. (2002b). "Projected Population Structures with and without the AIDS Epidemic," South Africa and Botswana. Available online at http://www.unaids.org.

UNAIDS. (2000). *AIDS Epidemic Update.* December.

UNAIDS. (1999). *Prevention of HIV Transmission from Mother to Child: Strategic Options.* August.

UNAIDS. (1998). *AIDS Epidemic Update.* December.

UNAIDS. (1997). *HIV/AIDS in Zambia.*

UNICEF. (2004). "Diarrhoeal Disease, Progress to date." New York: UNICEF.

UNICEF. (2003). *UNICEF.* Available online at http://www.unicef.org.

United Nations. (2003). "Two Years After Historic UN Session on HIV/AIDS, New Reports Show Progress But Member Nations Fall Short of Goals" [Press release]. September 22.

USAID. (2002). "Preventing Mother-to-Child Transmission of HIV." 14th International AIDS Conference.

U.S. Census Bureau. (2003). "International Data Base, 1B/98-2." Available online at http://www.census.gov/ipc/www/idbnew.html.

U.S. Census Bureau. (2000). "International Data Base, Table 028: Age-Specific Fertility Rates and Selected Derived Measures." Available online at http://

www.census.gov/ipc/www/idbnew.html.

U.S. Congress. Senate. (1982). Hearing to Review Federal and State Expenditures for the Purchase of Children's Vaccines. Subcommittee on Investigations and General Oversight, Committee on Labor and Human Resources. July 22, Washington, D.C.

U.S. General Accounting Office. (1999). "Global Health: Factors Contributing to Low Vaccination Rates in Developing Countries."

U.S. Institute of Medicine. (2003). *Financing Vaccines in the 21st Century: Assuring Access and Availability*. Washington, D.C.: National Academy Press.

U.S. Institute of Medicine. (1991). Committee for the Study on Malaria Prevention and Control: Status Review and Alternative Strategies. *Malaria: Obstacles and Opportunities: a Report of the Committee for the Study on Malaria Prevention and Control: Status Review and Alternative Strategies, Division of International Health, Institute of Medicine*. Washington, D.C.: National Academy Press.

U.S. Institute of Medicine. (1986a). *New Vaccine Development: Establishing Priorities, Volume 2: Diseases of Importance in Developing Countries*. Washington, D.C.: National Academy Press.

U.S. Institute of Medicine. (1985). *New Vaccine Development: Establishing Priorities, Volume 1: Diseases of Importance in the United States*. Washington, D.C.: National Academy Press.

Utzinger, J., et al. (2000). "Oral Artemether for Prevention of Schistosoma mansoni Infection: Randomised Controlled Trial." *Lancet* 355(9212): 1320–1325.

Vaccaro, Don F. (1972). "Advertisement Addressed to Public Relating to Sale or Purchase of Goods at Specified Price as an Offer the Acceptance of which Will Consummate a Contract." *American Law Reports*, ALR 3d 43.

Vernon, John, and Henry Grabowski. (2000). "The Distribution of Sales Revenues from Pharmaceutical Innovation." *PharmoEconomics* 18(1): 21–32.

Walley, J. D., M. A. Khan, J. N. Newall, and M. H. Khan. (2001). "Effectiveness of the Direct Observation Component of DOTS for Tuberculosis: A Randomised Controlled Trial in Pakistan." *Lancet* 357(9257): 664–669.

Wawer, M. J., et al. (2003). "HIV-1 Transmission per Coital Act, by Stage of HIV Infection in the HIV+ Index Partner, in Discordant Couples, Rakai, Uganda" [Abstract 40]. Boston: Tenth Conference on Retroviruses and Opportunistic Infections.

Wax, Emily. (2003). "A Generation Orphaned by AIDS." *Washington Post*, August 13.

Wellcome Trust. (1996). *An Audit of International Activity in Malaria Research*. Available online at http://www.wellcome.ac.uk/en/1/biosfginttrpiam.html.

Weller, A. C. (2001). *Editorial Peer Review: Its Strengths and Weaknesses*. Silver Spring, MD: American Society for Information Science and Technology.

World Bank. (2003). *World Development Indicators*. Available online at http://publications.worldbank.org/WDI/indicators.

World Bank. (2002). *Education and AIDS: A Window of Hope*. World Bank.

World Bank. (2001). *World Development Indicators*. Washington, D.C.: Oxford University Press.

World Bank. (2000). *World Development Indicators*. CD-ROM.

World Bank. (1999). *Confronting AIDS: Public Priorities in a Global Epidemic*. World Bank Policy Research Report. New York: Oxford University Press.

World Bank. (1998). *World Development Indicators*. CD-ROM.

World Bank. (1993a). *Disease Control Priorities in Developing Countries*. New York: Oxford Medical Publications, Oxford University Press for the World Bank.

World Bank. (1993b). *World Development Report 1993: Investing in Health*. Washington, D.C.: Oxford University Press.

World Bank AIDS Vaccine Task Force. (2000). "Accelerating an AIDS Vaccine for Developing Countries: Recommendations for the World Bank." February 28.

World Health Organization (WHO). (2004). "Polio Eradication Fact Sheet and FAQ." Geneva: WHO.

World Health Organization. (2003). "The 3 by 5 Initiative" [Fact Sheet 274]. Geneva: WHO.

World Health Organization. (2002a). *WHO Global Tuberculosis Control Report*. Geneva: WHO.

World Health Organization. (2002b). *World Heath Report 2002*. Geneva: WHO.

World Health Organization. (2002c). "Strategic Direction for Research: Schistosomiasis." Available online at http://www.who.int/tdr/diseases/schisto/files/direction.pdf.

World Health Organization. (2001). *World Health Report 2001*. Geneva: WHO.

World Health Organization. (2000a). *World Heath Report 2000*. Geneva:

WHO.

World Health Organization. (2000b). "Global Tuberculosis Control 2000." Available online at http://www.who.int/gtb/publications/globrep00/download.html.

World Health Organization. (2000c). *Anti-Tuberculosis Drug Resistance in the World—Report No. 2.* Available online at http://www.who.int/gtb/publications/dritw/index.htm.

World Health Organization. (2000d). "Less-Used Vaccines against Major Diseases Are Cost-Effective, Researchers Conclude." *Bulletin of the World Health Organization* 78(2): 274.

World Health Organization. (1999a). *World Heath Report 1999.* Geneva: WHO.

World Health Organization. (1999b). "Infectious Diseases: WHO Calls for Action on Microbes." June 17.

World Health Organization. (1999c). "Meningococcal and Pneumococcal Information Page." Available online at http://www.who.int/gpv-dvacc/research/mening.html.

World Health Organization. (1999d). *Issues Relating to the Use of BCG in Immunization Programmes.* Authors: Paul E. M. Fine, et al. Geneva: WHO.

World Health Organization. (1997a). *Weekly Epidemiological Report* 72: 36–38.

World Health Organization. (1997b). *Anti-Tuberculosis Drug Resistance in the World.* Geneva: WHO.

World Health Organization. (1997c). "World Malaria Situation in 1994, Part I." *WHO Weekly Epidemiological Record* 36: 269–274.

World Health Organization. (1996a). *Investing in Health Research and Development: Report of the Ad Hoc Committee on Health Research Relating to Future Intervention Options.* Geneva: WHO.

World Health Organization. (1996b). *World Health Organization Fact Sheet N94 (revised).* Geneva: WHO.

World Health Organization and UNICEF. (1996). *State of the World's Vaccines and Immunization.* WHO/GPV/96.04. Available online at http://www.who.int/gpv-documents/docspf/www9532.pdf.

World Health Organization Regional Office for South-East Asia. (2002). "Prevention of Hepatitis B in India: An Overview." New Delhi, August.

World Trade Organization. (2001a). "Fact Sheet: TRIPS and Pharmaceutical

Patents." April.

World Trade Organization. (2001b). "Declaration on the TRIPS Agreement and Public Health." Available online at http://www-chil.wto-ministerial.org/english/thewto_e/minist_e/min01_e/min01_14nov_e.htm.

Wright, Brian D. (1983). "The Economics of Invention Incentives: Patents, Prizes, and Research Contracts." *American Economic Review* (September), 73: 691–770.